KB270342

1958

장미라사의 남자 옷 이야기

성공하는 남자는
수트를 입는다

이영원 지음

버튼북스

CONTENS

프롤로그

수트는 남자를 가장 돋보이게 하는 옷이다. 남자의 옷 중에서 가장 절제된 수트는 멋을 부리지 않는 것 같으면서 확실하게 매력을 뽐내고, 겸손해 보이면서 자신을 차별화시킨다. 단순한 것 같지만, 엄격한 격식이 있어 거기에서 벗어나면 비난의 눈초리를 피하기 어렵다. 비즈니스 세계에서 수트는 일종의 예의다. 사람은 혼자서는 살 수 없는 존재고 상대에 대한 배려라는 의미까지도 수트는 상징하고 있는 셈이다.

옷과 관련된 일을 오랫동안 해서인지 이제는 옷만 보아도 상대의 성품을 어느 정도 짐작할 수 있다. 내가 싫은 옷은 입지 않기 때문이다. 그러므로 멋을 부린다는 것은 나 자신과 끊임없이 대화하고자 하는 노력이기도 하다. 오랜 역사를 거치며 옷은 지금의 나의 위치와 상태를 나타내는 '바로미터'로 자리 잡았다.

옷의 근본 바탕에는 남자와 여자가 있다. 이는 인간이 이 세상에 만들어진 이후 결코 변하지 않는 화두였다. 여자는 예쁘고 예쁘지 않고를 떠나 그 자체가 미적인 존재지만, 남자는 다르다. 동물도 암컷보다 수컷이 화려한 것처럼 남자의 아름다움은 옷으로 표현된다. 옷을 입는다는 것은 내가 나를 다듬는다는 의미이며, 수트는 남자를 가장 남자답게 표현할 수 있는 도구로 인정받아왔다.

트렌드는 계속해서 빠르게 변해가지만 수트는 전통 위에 단단히 뿌리를 내리고 기본 틀 위에서 움직인다. 오랜 시간이 흘렀지만, 질서는 무너지지 않고 더욱 견고해지고 분명해졌다. 남자는 현대에 살면서 클래식을 입고 있는 것이다.

나는 수트를 입고, 타이를 매고 있는 남자들이 여러 명 모여 있는 것을 보면 마치 파르테논의 신전을 받치고 있는 기둥을 보고 있는 것처럼 가슴이 설렌다. 장중한 우아함, 그런 멋을 느낀다. 나만 그렇게 느끼는 것은 아니다. 에르메네질도 제냐 같은 의류 브랜드에서 전시회를 열 때면 일부러 매장 앞에 시즌 수트를 입힌 남자 여러 명이 돌아다니며 차를 마시거나 대화를 나누는 장면을 연출하기도 한다. 그만큼 수트를 입은 남자 무리들은 탄성을 자아낼 만큼 멋져보이는 것이다.

　　나는 이처럼 사람을 매료시키는 남자의 진정한 아름다움, 수트에 빠져 미친 듯이 살았다. 옷에 홀려, 옷만 바라보고 살았던 나는 정말 행복한 사람이다. 만약 옷을 직업으로 선택하지 않았다면 시골 출신의 내가 지금처럼 많은 사람을 만나고, 전 세계를 돌아다니며 행복한 시간을 보내지는 못했을 것이다. 사회생활을 하는 다른 친구들과 비교해보니 나는 일반 사람들보다 세 배 이상 더 많은 사람을 만나고, 세 배 이상 더 많은 곳을 돌아다니며 많은 문화를 접했다. 다른 사람에게는 사흘의 시간을 석 달처럼 살았다고 생각하니 이미 충분히 장수한 사람인 것 같아 감회가 남다르다. 장미라사는 나의 수트 인생 대부분을 차지하고 있다고 해도 과언이 아닐 만큼 나와 동고동락했다. 나를 있게 했고, 나를 살게 했다. 장미라사 60주년을 맞아 그동안의 역사를 돌아보니 나도 모르게 먹먹해지는 것은 어쩔 수 없다.

이 책을 통해 많은 사람들이 옷에 대해, 수트에 대해 생각해보는 계기가 되었으면 좋겠다. 앞으로도 계속해서 장미라사가 가는 길, 장미라사가 만드는 옷에 대해 응원을 부탁드린다.

장미리 시를
이야기하다

비스포크는 옷을 넘어 진정한 소통을 의미한다

been spoken for.

말하는 대로.

직접 옷감을 골라 본인 취향에 맞도록 만드는 수제 맞춤 정장을 의미하는 비스포크bespoke, 좀 더 정확하게 비스포크 테일러bespoke tailor라고 표현하는 맞춤 정장은 '말하는 대로'라고 하는 'been spoken for'라는 영어에서 유래된 영국식 표현이다(미국은 'custom-made'라고 한다).

우리나라 사람이 처음으로 서양 옷을 접한 것은 1627년, 네덜란드인 벨테브레이가 표류하다 제주도에 상륙한 선원의 옷이었다. 이후 외국에서 들어온 선교사들이나 개화파들이 일본을 오가며 착용한 양복으로 눈 도장을 찍기 시작했고, 1895년 단발령으로 외국 의복이 정식으로 허용되면서 누구나 양복을 입을 수 있게 되었다. 개화기에 일어날 수 있는 흔한 반발로 양복이 한때는 '매국'의 상징이 되기도 했지만, 시대의 흐름을 거스를 수는 없었고, 맞춤 양복은 서서히 우리나라에서 뿌리를 내리게 된다.

1900년대에 접어들면서 양복 수요가 급격하게 늘어나기는 하였으나 이때까지만 해도 우리나라 사람들의 일상복은 주로 한복이었다가 1960년을 기점으로 양복을 입는 사람 수가 한복을 능가하며 완전한 일상복으로 자리 잡게 된다. 1960~1970년대를 거치며 양복점은 지금의 편의점처럼 흔할 정도로 동네마다 생기며 전성기를 누렸다. 하지만, 영원한 것은 없는 법. 1980년대 이후 쏟아져 나온 기성복에 밀려 존재감을 잃으며 맞춤 양복점도 하나둘 사라지게 된다.

모든 사물에 흥망성쇠가 있다고는 하지만, 비스포크의 명맥이 완전히 끊어졌던 적은 없다. 손으로 한 땀 한 땀 떠서 만드는 핸드메이드의 가치와 제각각인 신체 구조에 맞춰 기존의 양복과는 다른 작품을 만들어내는 장인의 노고를 인정하고, 다른 사람보다 더 나은 옷을 입고자 하는 사람의 욕구는 어느 때이건 항상 있어 왔기 때문이다.

지구상에 똑같은 얼굴을 한 사람이 한 명도 없듯이 사람의 신체 모양 역시 제각각이다. 공장에서 기계로 찍어내는 기성복이 아무리 잘 만들어져도 몇 개의 사이즈로 미리 제작된 완성품은 각 개인의 신체의 장단점을 제대로 살리지는 못한다.

////////////

그러므로 신사의 품격을 중요시하고, 옷의 가치를 알며, 스타일을 존중하고, 타인과의 차별화를 원하는 정치가, 사업가, 기업 경영자나 전문직 종사자 등 각계각층의 사람들에 의해 스스로 자정 능력을 키우며 비스포크는 끊임없이 발전하고 변화해왔다.

‘빨리, 빨리’를 외치던 광풍의 고도성장 시기가 지나고 삶의 질을 추구하는 시대가 찾아오자 기계와 디지털에 지친 사람들은 다시금 자연스레 비스포크로 눈을 돌리고 있다. ‘패스트 패션’이 주는 편의성 대신 ‘슬로우 패션’이 주는 편안함과 바느질이 가지는 정성, 그리고 신체의 장점을 살려주는 궁극적인 멋을 다시금 찾게 된 것이다. 핸드메이드의 특성상 고가일 수밖에 없어 상위층에 국한되었던 비스포크는 ‘희소성’과 ‘고급스러움’이라는 무기로 재정비해 경쟁력을 갖추며 그 행보를 넓혀가고 있다.

2015년 유독 한국에서 대박이 난 B급 감성 영화가 있다. 매튜 본 감독의 〈킹스맨〉이다. 영화 〈킹스맨〉에서는 수트를 쫙 빼입은 영국 신사 스파이가 총을 난사하고, 칼을 휘두른다. 이 영화로 콜린 퍼스는 매너 있고 절도 있는 중년 남성이 뿜어내는 수트의 섹시함으로 관객을 매료시켰다. 젊은 스파이 역을 맡았던 태론 에거튼 역시 티셔츠와 청바지 차림의 자유분방한 캐주얼이 아니라 흠 잡을 데 없이 말끔한 수트 차림에 관객은 열광했다.

여기에서 한 가지 주목할 점은 영화 〈킹스맨〉의 배경이다. 화려한 볼거리를 제공하는 이 영화에 등장하는 비밀 조직은 1840년대부터 왕과 귀족들에게 옷을 지어주던 재단사들이 모여 만든 조직이다. 1차 세계대전으로 수많은 권력자들의 후계자가 희생되자 재단사들이 귀족을 위해 일하는 비밀 첩보조직으로 발전한 것이다.

사전을 찾아보면 테일러tailor는 '재단사', '양복쟁이'라고 되어 있지만, 영화 〈킹스맨〉에서 슬쩍 엿볼 수 있는 것처럼 재단사를 옷만 만드는 단순한 기술자로 보기에는 부족함이 있다. 과거 재단사들은 스스로 기획자면서 디자이너였고, 장인이자 예술가이기도 했다. 물론 오래전부터 옷을 만드는 직업은 있어 왔지만, 지금과 같은 형태의 양복을 만들기 시작한 재단사는 18세기 중반 영국에서 시작된 산업 혁명으로 귀족들의 복식 문화가 변화된, 약 이백여 년 전쯤 생겨났다. 테일러를 귀족이 직접 하기도 했는데, 이들의 업무에는 '사교'라는, 왠지 재단과는 어울리지 않는 것 같은 일도 포함되어 있었다. '재단'과 '사교'라는 단어의 조합을 이해하기 위해서는 비스포크 제작 과정을 알아야 한다.

비스포크는 무無에서 시작한다. 아무런 정보가 없는 상태에서 이야기를 나누고, 생각을 모으고, 형태를 구현한다. 완전한 수제 방식의 비스포크를 대중화시킨, 기존 패턴을 두고 사람의 사이즈에 맞게 조금씩 변형하거나 디테일을 추가하는 반맞춤의 제작 방식인 MTM(Made to Measure)이나 '수미주라(su misura, '당신의 사이즈에 맞춘다'라는 의미의 이태리어)'도 있지만, 맞춤 양복의 백미는 오직 한 사람을 위한 비스포크라고 할 수 있다.

맞춤 양복이 만들어지는 과정은 총 네 가지 단계로 나뉜다. 먼저 원단 선택이다. 테일러숍에 구비되어 있는 원단을 직접 만져보면서 소재와 패턴, 디자인을 어떻게 할지 결정한다. 그리고 신체 사이즈를 측정한다. 신체 각 부위의 치수를 캐낸다고 하여 '캘 채採', '마디 촌寸'을 써서 '채촌'이라고도 하지만, 이는 일제강점기의 잔여물이다. 좌우의 얼굴이 정확하게 대칭인 사람은 없다. 신체도 마찬가지다. 선천적이거나 생활습관에 따라 양쪽 다리 길이가 다르거나 한쪽 어깨가 솟는 등 미세하게 차이가 난다. 이러한 이유로 신체 사이즈를 책정할 때는 목, 가슴, 허리, 다리 길이 등의 사이즈는 물론 몸의 기울기, 비대칭 등을 꼼꼼하게 측정한다.

다음은 가봉이다. 30퍼센트 정도 완성된 상태에서 옷을 입어보고 잘못된 부분이나 고치고 싶은 부분, 디테일한 디자인을 교정한 뒤 최종으로 옷이 만들어진다. 가봉이 마음에 들지 않는 경우에는 2차 가봉을 하기도 한다. 옷이 만들어지고 난 후에도 마음에 들지 않는 경우에는 수선을 요구할 수 있는, 처음부터 끝까지 철저하게 일대일로 진행되는 맞춤 서비스가 바로 비스포크다.

비스포크는 한 번의 만남으로 끝나지 않는다. 최소한 서너 번의 만남이 있어야 하고, 이런 과정을 거쳐 한 벌의 양복이 만들어지는 데 최소한 2~3주 정도가 걸린다. 그 사이 어떤 스타일을 좋아하는지, 어떤 핏을 원하는지, 직업이 무엇인지, 그동안 어떤 옷을 입어왔는지 등 세세하게 개인적인 이야기를 쏟아내야 하고, 테일러는 전문가의 입장

에서 듣고, 조언하고, 의견을 조율한다. 상대방이 원하는 바를 충분히
반영하는 것이다.

////////////

　이처럼 비스포크에서 대화가 중요한 것은 옷은 만
드는 사람이 아니라 입는 사람이 주인이기 때문이다.
이러한 측면에서 비스포크를 한마디로 표현할 경우,
'옷을 만든다'라고 하기보다 '소통하다'라고 표현하는
것이 맞을 수도 있다.

　사람의 몸 치수는 나이에 따라, 생활습관에 따라 항상 변하기 마
련이다. 다시 옷을 지을 때는 처음부터 똑같은 과정을 고스란히 되풀
이하며, 재단사들은 상대방에 대해 자세히 알면 자세히 알수록 사람
을 돋보이게 하는 옷을 만들 수 있게 된다.

　비스포크란 단순히 옷을 만드는 과정이 아니라 사람과 사람의
소통을 통해 한 사람의 라이프스타일을 담아내는 상당히 까다롭고
신중한 과정이다. 재단사를 단순한 기술자로 보지 않고, 장인으로 인
정하는 것은 이러한 연유에서다. 이처럼 옷을 만드는 곳에는 사람이
오가고, 또 모인다. 이야기를 나누고, 인생을 토로한다. 과거 테일러숍
에 귀족과 부호, 권력자들이 드나들며 살롱 문화를 이끌고, 각종 로비

18

를 했던 것도 이러한 관점에서 이해할 수 있는 것이다. 드라마 〈대장금〉에 이런 대사가 나온다.

"음식을 하는 자가 도리와 소신이 있듯이 음식을 먹는 사람 역시 도리가 있어야 한다는 것을."

옷 역시 마찬가지다. 우리나라는 여전히 비스포크에 대한 이해가 적은 편이라 맞춤 정장을 단순하게 신체의 단점을 가려주고, 스타일이 좋게 만드는 마술로 믿는 사람이 많다. 그러나 맞춤 양복은 단순히 내게 잘 맞는 옷을 만드는 작업이 아니라 그보다 훨씬 더 많은 의미를 내포하고 있다. 이처럼 비스포크에 대한 완벽한 이해가 없다면 옷을 맞추는 과정은 그저 귀찮고 지루하고 성가시기만 한 시간일 뿐이다. 단순히 몸에 맞는 옷, 결과물만이 중요하다면 백화점 매장 혹은 손가락으로 클릭해 인터넷에서 주문해도 그만이다. 기성복을 사서 수선해서 입어도 충분하다. 맞춤 양복점을 찾으면서 가봉을 귀찮아하거나 거부하고, 옷이 만들어지는 과정에서 소통하는 것을 싫어한다면 굳이 오랜 시간을 투자해야 하는 맞춤 양복을 맞춰 입을 이유가 없다.

많은 사람이 비스포크를 찾는 데에는 이유가 있다. 소통을 통해 옷 이상의 가치를 만들어내는 것이 비스포크이며, 세상에 나 하나만을 위한 예술 작품을 만들어낸다는 장인의 철학이 담긴 비스포크를 이해하고 즐길 수 있어야 진정 제대로 된 가치를 입을 수 있다. 장인이 양복을 만드는 도리와 소신을 가지고 있듯, 수트를 입는 사람 역시 도리가 있어야 하는 것이다.

////////////

수트_{suit}.

우리말로 양복洋服이라고 불리는 이 단어는 말 그대로 '바다를 건너온 서양의 옷'이다. 외국에서 건너온 서양 옷은 한국에서 120년 이상을 보내며 자리를 잡았고, 비즈니스맨의 유니폼처럼 일상화되었다. 오랜 시간 우여곡절을 겪은 그 와중에도 기계의 편의성과 시대의 흐름에 굴하지 않고, 핸드메이드만이 만들어낼 수 있는 가치를 집요하게 추구하며 한길을 걸어온 비스포크 테일러숍은 살아남아 여전히 그 가치를 인정받고 있다.

우리나라에서 100퍼센트 수제 방식으로 비스포크 정장을 만드는 곳은 극히 드물다. 수지타산이 맞지 않기 때문이다. 긴 과정은 말할 것도 없고, 장인이 한 벌의 정장을 만드는 데 꼬박 일주일 가량의 공을 들여야 해서 수량 역시 한정되어 있는 때문이다. 실제 비스포크

를 표방하는 맞춤 양복점 대다수가 반맞춤이거나 기성복에다 일부분
을 핸드메이드로 처리한다. 그 와중에 100퍼센트 수제 맞춤의 선두에
서서 우리나라 양복 역사의 절반을 함께한 곳이 바로 '장미라사'다.

장미라사의 시작[+]
삼성 이병철 회장과
제일모직으로부터

우리나라에서 처음 양복이 만들어지기 시작한 시절, 수트는 당연히 모두 100퍼센트 수제 맞춤이었다. 물론 제대로 된 비스포크의 가치를 구현하기에는 기술도 여건도 제대로 갖추어져 있지 않았지만, 당시 남자들은 은연 중 진정한 멋을 경험했던 셈이다.

우리나라 최초의 양복점은 1889년 일본인이 운영한 '하마다(현 광화문 우체국 앞)'로 주로 조선에 거주하는 일본 공사관 직원들의 옷을 만들다 나중에는 조선 왕실의 옷도 주문 제작한 곳이다. 그로부터 10여 년이 흐른 1903년에야 한국인 최초의 양복점인 '한흥양복점'이 개점하고, 이후 수많은 양복점이 생겨나고 사라지게 된다(한흥양복점은 현재 남아 있지 않고, 1916년에 지어진 '종로양복점'이 현존하는 가장 오래된 양복점으로 기록되고 있다). 지금은 전국적으로 겨우 수백 곳이 운영되고 있지만(수미주라 포함), 장미라사는 일반 맞춤 양복점과는 태생부터가 다르다.

해방 전후 우리나라는 정보도, 유통도 제대로 갖춰져 있지 않은 혼돈의 시대였다. 일본, 하얼빈, 마카오 등 외국에서 다양한 문화가 밀려들어오면서 복식 문화도 혼재된 상태였다. 우리나라 맞춤 양복의 명맥을 유지하며 '양복 1번지'로 불리는 서울 소공동 거리에서 제일 먼저 양복점을 연 곳이 일본도 중국도 미국도 러시아도 아닌 터키라는 것만 봐도 그 시대의 혼돈 상황을 미루어 짐작할 수 있다(터키 대사관에는 소공동에 양복점 1호를 오픈했다는 기록이 남아 있다).

　　손 기술로는 세계에서 두 번째 가라면 서러워할 우리나라 사람들이다. 그 전까지만 해도 집집마다 한복을 직접 지어서 만들어 입던 터라 양복 역시 얼마든지 흉내를 내어 지을 수 있었다. 1920년부터 양복 기술을 배우는 실습소가 각 주요 도시 여기저기에 생겨나며, 양복은 확산 일로를 걷게 된다. 실제 1967년에는 스페인 국제기능올림픽 양복 직종에서 금메달을 획득하기도 한다. 문제는 원단이었다. 옷을 만드는 것보다 원단을 구하는 것이 어려웠다.

　　1930년대에는 태평양 전쟁으로 인해 유통 경로가 차단되어 공급이 수요를 따라가지 못했다. 양복 원료인 복지를 배급제로 나누어줄 정도여서 양복이 낡으면 옷을 버리지 못하고 앞뒤를 뒤집어서 다시 만들 정도로 원단이 귀했다. 우리나라에서 원단을 제작하기는 했으나 염색 기술은 물론 품질도 형편없어 양복을 만들기에는 무리가 있었다. 수입한 원단의 질이 좋지 않기는 마찬가지였다. 당시 양복 원단은 미군 부대에서 나오는 서지 아니면 홍콩이나 마카오에서 수입하는 것이 대부분이었다. 그 중에서도 마카오를 통해 들어오는 영국 원단 비중이 커서 당시 멋쟁이들을 '마카오 신사'라고 부르기도 했다(최고의 멋쟁이를 의미하는 마카오 신사라고 불리기 위해서는 고급 양복에 중절모, 마카오 금줄 시계까지 차야 했다). 이처럼 귀한 원단 탓에 당시 양복 한 벌 가격은 석 달 치 월급과 맞먹을 정도로 비쌌고, 이런 상황을 해결하고 섬유를 국산화하겠다며 출사표를 던진 사람이 바로 삼성의 창업주인고_故 이병철 회장이다.

///////////

　제일제당으로 사업에 자신감을 얻게 된 이병철 회장은 의식주_{衣食住} 가운데 의_依, 입는 것으로 눈길을 돌리게 된다. 이병철 회장 자신이 그 옛날 해외 브랜드만 입을 정도로 멋쟁이이자 패션을 좋아했으므로 이는 어쩌면 당연한 일일지도 모른다. 날카로운 사업가의 눈으로 섬유가 고부가가치 산업이자 미래 산업이라는 사실을 알아챘던 것이다.

　원단은 마치 살아 있는 생물처럼 참 흥미로운 소재다. 똑같은 기계로 섬유를 만들어도 가공에 따라 전혀 다른 품질의 원단이 만들어진다. 원단 가공은 일종의 메이크업으로 여자가 화장을 어떻게 하느냐에 따라 분위기가 완전히 달라지는 것처럼 원단 역시 가공 방법에 따라 천차만별의 결과가 만들어진다. 원단 가공은 예나 지금이나 사람 손으로 직접 할 수밖에 없는데, 소문난 맛집이 맛의 비결 철저하게 비밀로 하는 것처럼 각 제조사도 가공과 염색 공정만큼은 철저하게 비밀로 부치고 있다(실제 원단 가공 과정을 보면 천을 바닥에 놓고 밀대로 문지르는 등 아주 원시적인 방법을 사용한다). 이병철 회장은 이러한 섬유의 특성을 잘 이해하고 있었다. 18세기 중엽, 영국에서 면을, 빨리 많이 만들어내기 위해 시작된 산업혁명이 백년 뒤 우리나라에서도 일어난 것이다.

1954년 이병철 회장은 삼성그룹의 실질적인 모태기업이라고 할 수 있는 '제일모직(제일모직공업주식회사)'과 1956년 한국 최초의 모직 공장을 연이어 설립해 무역업에서 제조업으로 영역을 넓히게 된다. 제일모직은 독일을 비롯한 유럽 등에 직원을 보내 기계를 사들이고 독일 전문 기술자를 초빙해 기술을 배우는 등 민간 기업 최초로 해외 기술을 도입하며 본격적인 원단 제조에 들어간다. 이렇게 해서 우리나라 최초로 탄생한 양복지 골덴텍스의 품질은 마카오에서 수입하던 원단보다 품질이 월등했다. 먹고사는 데 바빠 허둥지둥 살아온 세월 속에 기업의 고단한 노력이 잘 드러나지는 않지만, 제일모직이 우리나라 섬유 발전에 공헌한 바는 지대하다고 할 수 있다.

그런데 한 가지 문제가 발생했다. 원단을 생산해도 그 원단으로 옷을 만들 수 있는지 없는지, 옷을 만들더라도 어떤 옷이 만들어질지 알 수 없었다. 식품회사에서 새로운 조미료를 출시할 때 이런 저런 요리를 해보지 않으면 진짜 맛을 알 수 없는 것과 마찬가지인 셈이었다. 이에 제일모직은 급하게 재단 테스트tailoring test를 위한 부서를 만들게 된다. 지금으로 치면 큰 프로젝트를 위해 별도로 구성된 TF(테스크 포스), 혹은 상품기획개발실 정도쯤 되는 부서로 이것이 바로 지금의 장미라사의 시초가 된다.

////////////

수트는 까다롭고 어려운 옷이다. 전통을 유지하면서도 트렌드에 뒤떨어져서는 안 되고, 격식을 차린 가운데에서도 개성을 드러내야 한다. 그게 그거인 것 같지만, 그렇기 때문에 더 제대로 된 옷을 입어야 몸에 착 감기는 찰진 맛이 난다. 그러나 대량 생산으로 쏟아지는 기성복은 이러한 클래식한 수트가 지닌 의무를 온전히 살려내지도, 살려낼 수도 없다.

'똑같은 옷을 입어도 태가 안 난다'는 이유를 굳이 멀리서 찾을 필요가 없는 것이다. 그런데 이처럼 중요한 수트의 핏(실루엣)을 만들어내는 결정적인 요인이 바로 원단이다. 힘이 있고 남성적인 실루엣의 수트를 원하는데 흐느적거리는 실크의 패턴이 아무리 마음에 든다고 해도 결코 원하는 핏의 수트를 만들 수 없는 것처럼 원단에 따라 수트 분위기는 180도 바뀌게 된다.

장미라사가 국내 맞춤 양복점 중에서 독보적인 이유가 바로 여기에 있다. 국내에 100퍼센트 비스포크를 고집하는 곳은 여럿 있으나 원단 자체를 생산해 수트를 제작하는 곳은 장미라사가 유일하다. 단순하게 시중에 있는 원단으로 양복을 만드는 것이 아니라 원단의 장단점을 이해하고, 원단을 직접 주문 생산해 소수만을 위한 특별한 수트를 제작할 수 있는 것은 장미라사가 가진 이런 독특한 이력 때문이다. 다른 맞춤 양복점이 주어진 다이아몬드만 가공해 판다면 장미라사는 광산을 가지고 있어 원석의 기본 정보부터 장단점을 파악해 디자인을 가공하는, 가장 유리한 고지를 점령하고 있는 것이다.

이처럼 제일모직은 원단 제조에 성공하면서 곧바로 커다란 성공을 거두게 된다. 공장을 설립한 지 2년 만인 1958년에 흑자를 거두더니 3년 뒤인 1961년에는 원단을 해외에 수출하기까지 한다. 테스크 포스의 성격을 띠고 있던 장미라사는 더 이상 필요 없는 부서가 되었지만, 회사는 다른 방법을 고민했다. 양복에 대한 수요가 폭발적으로 늘어나던 때였으므로, 소비자 반응 조사도 하고 새로운 매출 동력도 만들자는 차원에서 장미라사를 아예 맞춤 양복점으로 바꾸어버린 것이다. 경제적으로 가난했던 때였고, 주머니가 두둑한 곳은 미군들이었다. 이에 장미라사는 미8군 PX 소공동 매장(1960)과 신세계백화점에서 매장(1963)을 운영하게 된다. 양복 주문이 밀려들어오고, 당시 장미라사는 미8군에는 하루 한 차 가득을, 신세계백화점은 3층을 전부 다 쓸 정도로 규모를 키워나갔다.

맞춤 양복의 수요가 폭발적으로 늘자 제일모직은 장미라사의 맞춤 양복 경험을 살려 1970년 한국 최초의 기성 남성복 브랜드 '댄디'를 출시하게 된다. 장미라사의 기술 지원으로 영국의 댄디즘을 표방해 만든 '댄디'는 그 후 버킹검, 로가디스로 이어졌고 이후 빈폴, 갤럭시, 여성복 구호 등을 연달아 성공시키게 된다.

여전히 맞춤 제작만을 고집하던 장미라사는 1970년 후반이 되면서 국내에도 제대로 된 고급 원단의 필요성을 주장했고 제일모직은 1980년 세계 최고의 신사복 원단인 '란스미어' 개발에 성공하며 한국 섬유사에 또다시 새로운 한 획을 긋게 된다. 장미라사는 (주)장미라사로 삼성의 계열사가 되었다가 삼성물산에 합병되었다가 다시 제일모직의 봉제사업부 안에 편입되는 부침을 겪는다. 우리나라가 격동의 성장기를 보낸 것처럼 장미라사 역시 수많은 시행착오를 거치며 앞으로, 앞으로 헤쳐나가고 있었던 것이다.

장미라사의 성장[+]

초심을 잃지 않되
변화를 두려워하지 않는다

씨앗이 싹을 틔워 꽃을 피우고 지는 것처럼 모든 일에는 꽃을 피우는 시기가 있다. 한국전쟁이 끝나고 1960~1970년대 압축 성장을 한 우리나라는 1988년 서울올림픽을 개최하게 되면서 많은 변화를 겪게 된다.

서울올림픽을 전후해 우리나라는 대외적으로는 '한강의 기적'을 알리며 한국의 위상을 드높이고, 대내적으로는 도시화가 급격하게 이루어지며, 개인과 기업이 해외로 눈을 돌리는 계기가 된다. 장미라사의 가장 중요한 터닝포인트 역시 이 시기다. 1988년은 장미라사가 비스포크의 진정한 의미에 눈을 뜨는 해이기도 하며, 대기업으로부터 독립해 진정한 비스포크의 길을 뚝심 있게 걸어가기 시작하는 첫 해였기 때문이다.

////////////

1980년대 초반, 국회의원 삼백 명 중 이백 명이 장미라사 옷을 입는다는 기사가 신문에 실렸다. 여의도에서는 점심 식사 후 옷이 바뀐다는 우스갯소리가 돌 정도였다. 많은 사람이 장미라사 양복을 입고 있어 재킷을 벗어두고 식사를 하고 나면 남의 옷과 혼동하는 경우가 흔했다는 의미다.

장미라사는 맞춤 양복점이었지만, 마치 기성복을 찍어내듯 엄청난 주문을 받았고, 장미라사는 항상 문전성시를 이루며 점점 외견을 키워나갔다. 장미라사가 독보적인 존재이긴 했으나, 객관적으로 보았을 때 마냥 즐거운 일만은 아닌, 무리가 있는 상황이었다.

기업의 성장에서 무서운 것은 경쟁할 상대가 없다는 것이다. 2등은 1등을 바라보며 쫓아갈 수 있는 에너지를 끌어모을 수 있지만, 1등은 1등을 유지해야 하는 부담감과 언제 추월당할지 모른다는 두려움을 동시에 극복하면서 앞으로 전진해야 한다. 그러나 당시 장미라사는 이런 1등과도 비교할 수 없는 애매한 상황이었다. 장사는 잘되었지만, 좋은 옷에 대한 기준도, 비교할 대상이 없다는 사실이 안타까웠다. 그때까지만 해도 국내 맞춤 양복의 수준은 일본만 바라보며, 일본과 비슷한 옷을 만들어내는 정도였다. 비교할 대상이 없으니 현재 자신이 잘하고 있는 것인지, 잘못하고 있는 것인지 반성하고 자극받을 수 있는 여지도 없었다.

일찌감치 88서울올림픽 개최가 정해지고 난 후, 장미라사는 1986년이 되어서야 비로소 해외로 눈을 돌리게 된다. 하이엔드의 호화로운 캐시미어와 울 소재 제품으로 유명한 이탈리아의 로로피아나로부터 원단 기술을 직접 전수받아 새롭게 원단을 만들고, 이 원단과 제일모직의 기존 원단으로 똑같은 패턴의 옷을 두 벌씩 만들어 비교해보는 등 다양한 시도를 하게 된다. 눈으로는 똑같아 보이는 착시 현상을 일으킬 수 있지만, 직접 입어 보면 무엇이 다른지 정확하게 그 차이를 알 수 있기 때문이었다.

마침 이건희 회장이 '제2의 창업'을 선언하며 취임(1987년)하던 시기와도 맞물렸다. 당시 해외에서 삼성전자의 위상은 바닥이라고 해도 과언이 아니었다. 해외에서 삼성전자 제품은 다른 가전제품에 끼워 팔거나 일정 금액 이상을 사면 사은품으로 제공되는 수준이었다. 전자제품의 기준은 당연히 A/S가 필요 없는, 기능이 뛰어난 품질이 보장되어야 함에도 불구하고 삼성전자의 홍보 마케팅 포인트는 '편리하고 빠른 A/S'로 제품에 대한 자신감도, 문제의 핵심도 파악하지 못한 상태였다.

위기감을 느낀 이건희 회장은 취임한 지 얼마 지나지 않아 '월드 베스트 전략'을 천명하며 각 회사별로 세계 최고의 브랜드로 키울 수 있는 아이템을 찾으라는 지시를 내린다. 제일모직도 어떤 아이템이 세계 최고가 될지 고민하고 분석하다 당시 국내에서 탄탄대로를 달리고 있던 장미라사를 세계 속의 일류로 발돋움시킬 수 있는 카드로 내세우게 된다.

삼성은 그 즉시 장미라사에 아낌없는 전폭적인 지원을 한다. 세계적인 인테리어 디자이너를 불러 매장을 새로이 꾸미고, 당시 집 두세 채 가격과 맞먹는 고가의 소품으로 매장을 단장하는 등 세계 최고의 럭셔리 브랜드에 걸맞도록 모든 것을 업그레이드한다. 동시에 영국과 이탈리아의 장인을 초빙해 공동 작업을 할 수 있도록 프로젝트를 추진한다. 그런데 이 초대로 장미라사는 비스포크에 대한 기본 개념부터 뒤흔들릴 정도로 커다란 변화를 맞는다.

전문가의 추천에 의해 장미라사를 방문한 재단사는 영국 최고의 양복점 오너인 헨리 포레와 로마에 양복점을 가지고 있는 이탈리아의 장인 콜롬보였다. 수트의 본원지라고 할 수 있는 두 나라에서 온 장인들은 비스포크에 대한 깊이를 보여주며 장미라사의 수트에 대한 인식을 완전히 바꾸어 놓게 된다.

옷은 문화의 산물이다. 영국의 약간 큰 듯한 수트도, 이탈리아의 매끈하게 빠진 수트도 단순히 멋지기 때문에 그렇게 만든 것이 아니라 그 나라의 문화와 역사가 쌓이고, 트렌드와 매치되어서 만들어진 형태다. 그때까지 우리나라는 그동안 급격한 성장과 무분별한 외국 문화의 유입으로 옷에 대한 기본 개념조차 없다는 것을 인정해야만 했다. 전문가가 운영하는 맞춤 옷집은 있지만 전문 비스포크 테일러는 없는, 양복에 대한 수준이 함량 미달이라는 진단을 받은 셈이었다. 마케팅 같은 문제가 아니라 근본적으로 옷에 대한, 미에 대한 개념이 없다는 사실을 깨달으며, 장미라사의 옷은 세계에서 명함도 내밀 수 없는 수준이라는 뼈아픈 자각을 하게 만드는 계기가 된 것이다.

장미라사가 정적인 옷, 걸어뒀을 때 예쁜 옷을 만들고 있었다면, 영국과 이탈리아 장인은 동적인 옷, 입었을 때 편하고 폼이 나는 옷을 만들었다. 마네킹(인형)이 아닌 이상, 사람은 끊임없이 움직이기 때문에 재단사는 인체에 대한 이해가 있어야 하고, 재단 자체부터가 완전히 달랐던 것이다. 원단도 마찬가지였다. 국내에서는 최고일지 모르지만, 세계 시장의 수준에는 한참 미치지 못했다. 두 나라의 기술이 100이라고 한다면 우리나라가 양복을 만드는 기술은 40 정도밖에 되지 않는 정도였다.

비스포크란 그냥 걸치는 옷이 아니다. 비스포크란 단 한 사람을 위해 숙련된 장인이 입는 사람의 골격을 이해하고 옷이 몸과 함께 움직이는 전 과정을 이해해야만 나올 수 있는 정장이라는 것을 배운 장미라사는 기존의 기술을 모두 버리고, 처음부터 다시 재단 기술을 배우게 된다.

그러나 당장이라도 월드 베스트 아이템을 내세우고자 했던 회사 입장에서는 기본으로 돌아가 다시 한 번 제대로 양복 기술을 배워 전투력을 상승시키겠다는 장미라사를 기다리고 있을 여유가 없었다. 결국 조직과 테일러의 방향이 맞지 않다고 판단한 삼성은 장미라사의 분사를 결정하게 된다. 1988년 11월 당시 제일모직의 김선하 본부장이 지분을 인수해 삼성으로부터 독립하면서 드디어 완전하면서도 독자적인 테일러 숍인 장미라사가 생겨나게 된 것이다.

세계 명품화를 선언하며 독립한 장미라사는 이후 '좋은 옷이란 무엇인가'에 대해 지속적으로 고민하며, 테일러의 본래 기능인 '개인 맞춤'에 초점을 맞추게 된다. 이때부터 장미라사는 소재와 부자재를 영국 비스포크식으로 개발하는 등 영국식 정통 비스포크를 지향하고, 이탈리아의 콜롬보 사와 헨리 포레에서 전수받은 기술을 더욱 발전시키며 끊임없는 연구에 연구를 거듭한다.

삼성에 속해 있을 때는 제일모직 원단만 쓸 수 있었지만, 독립하고 난 후에는 이탈리아, 영국 등 섬유 선진국 원단을 마음대로 사용할 수 있어 오히려 장미라사가 더 크게 발전하는 기회로 삼을 수 있었다.

그러나 태풍이 한번 불었다고 해서 영원히 오지 않는 것은 아니다. 때론 태풍이 비켜가기도 하지만, 태풍의 눈을 직접적으로 맞아야 하는 때도 있다. 장미라사는 88서울올림픽이 끝나고 난 10년 뒤 IMF

사태(1997년)로 또 한 번 위기를 맞게 된다. IMF로 너도 나도 가격 파괴 전략을 내걸며 싼 제품으로만 몰려들면서 부도 위기에 빠진 장미라사는 근본적인 개혁을 서두르게 된다. 서울올림픽을 기점으로 장미라사가 크게 도약하긴 했지만, 조직 자체를 완전히 뒤바꾸는 데는 실패했다. 대기업에 익숙해져 있던 직원들의 저항이 너무 거셌기 때문이었다. 느리지만, 조금씩 변화를 추구하던 장미라사였지만, 더는 여유를 부리고 있을 틈이 없었다. 그리고 1998년은 그동안 실질적으로 장미라사를 운영해왔던 내가 지분을 인수하게 되면서 판을 뒤집을 기회를 노려보게 된다.

장미라사를 살리기 위해서는 위기를 기회로 삼아야 했다. 가장 먼저 결정해야 할 사항은 장미라사의 사업성이었다. 돈이 되지 않는 100퍼센트 수제 맞춤을 포기하고 반맞춤으로 바꿔 사업성을 택하느냐, 아니면 사업성을 포기하더라도 비스포크의 진정한 가치를 추구하느냐 하는 중요한 갈림길에 선 것이다. 이탈리아나 영국의 경우도 위기를 맞으며 많은 양복점이 변화를 추구했다. 그중 몇몇 성공한 케이스가 있기는 하지만, 대부분은 실패의 쓴맛을 보았다. 십 년 이상 생존 가능한가에 대한 자신이 없었다. 이런 갈등 사이에서 나는 완전한 사업성을 접고, 취미와 사업을 결합해 직원들이 행복하게 일할 수 있는 브랜드를 만들기로 결심했다. 치킨이 잘 팔리면 동네에는 더 많은 치킨 가게가 생겨나게 된다. 서로가 서로를 물어뜯으며 이판사판으로 치닫는 치킨 게임에서 살아남아야 부자도 될 수 있는 법이었다. 우선은 생존부터 해야 했다.

'초심으로 돌아가라.'

상황이 어려웠지만, 위기를 극복할 수 있는 힘은 초창기로 돌아가 원점에서 비스포크를 대하는 것이라고 결론을 내리고 나서는, 10단계 정도로 구분되어 있던 가격을 없애고 단 두 개의 단계만 남겨두게 된다. 기성복과 비슷한 가격과 품질의 중가 제품은 없애고, 품질 좋은 원단을 사용한 고품질의 제품에만 집중했다. 고객 타깃층도 대폭 줄이고, 판매 직원도 모두 패션 전문가로 교체했다. 이는 사람들이 맞춤 양복을 버리지 않을 것이라는 확신과 차별화할 수만 있다면 아날로그적인 사업도 존속할 수 있다는 믿음이었기에 내릴 수 있는 결론이었다.

장미라사는 철저한 체질 개선에 들어갔다. IMF가 터지고 나서 대한민국 내에서의 경쟁은 무의미해졌다. 해외 시장에 뛰어들 수밖에 없는 상황이었다. 서울올림픽이 좋은 옷에 대한 질문을 하게 된 계기이자 세계의 수트 수준에 눈을 뜨게 된 기회를 제공받았다면, IMF는 그간 외국의 장인을 초빙해 기술을 전수받고 원단을 수입하는 정도로 대처해왔던 소극적인 자세에서 탈피해 트레이드 쇼, 트렌드 쇼 등을 직접 방문해 세계 시장의 트렌드를 살피기도 하고 직접 원단 기획을 수주하는 등, 보다 적극적인 공세를 펼치게 만드는 계기가 된 것이다.

장미라사는 이후 비스포크의 기본에 충실한 옷을 만들기 위해 이탈리아와 일본에서 직수입 된 부자재와 천연 재료들을 주로 사용하며, 다른 어떤 곳에서도 볼 수 없는 원단을 미리 이탈리아와 영국에 주문을 하는 소량 맞춤 주문생산 방식으로 높은 퀄리티와 희소성 있는 원단으로 다양한 '나만의 옷'을 만들기 시작했다. 이러한 고민과 역경을 극복하고자 하는 의지가 남달랐기에 장미라사는 비로소 세계 명품 수트와 견줄 수 있는 경쟁력을 갖추게 된 것이다.

내가 원한 삶 [+]

옷이 좋아서
옷에 인생을 걸었다

60년 장미라사의 역사를 이야기하는 데, 나 '이영원'이라는 이름은 빼놓을 수는 없다. 1977년 삼성그룹 공채 사원으로 입사해 장미라사 팀에 발령을 받은 후 1998년 최대주주가 되면서 대표이사에 오르기 전까지 약 40여 년간을 장미라사와 함께했기 때문이다.

나는 해만 지면 동네 사람들이 모두 잠자리에 드는 깡촌, 경남 밀양에서 태어났다. 전기가 들어오지 않아 촛불에 속눈썹이 타들어가도 모르던 두메산골에서 뛰어놀던 시골 꼬마가 최첨단의 패션 사업에 뛰어들어 전직 대통령을 비롯해 외국 수상과 까다로운 예술가, 기업인, 정치인들의 입맛을 맞추며 '옷'과 '멋'이라는 화두를 이끌어왔다는 것은 내가 생각해도 참으로 아이러니하다(지금 돌이켜보면 우리나라가 성장하며 중요한 역할을 했던 시대의 인물 중 내가 개인적으로 모르는 사람은 거의 없으니 정말 많은 사람을 만나고, 많은 곳을 돌아다녔다).

나의 꿈은 조금 엉뚱한 곳에서 시작되었다. 초등학교 5학년 때 서울로 수학여행을 가게 되었는데, 처음 보는 엘리베이터와 높은 빌딩, 웅장한 남대문, 밤에도 전기로 화려하게 수놓인 거리는 시골 꼬마에게는 경이로운 세상이었다. 첫눈에 도시의 눈부신 자태에 홀딱 빠져버린 초등학생에게 서울은 어른이 되면 꼭 살고 싶은, 살아야 하는 곳이 되었다.

이후 부산에서 고등학교를 다니게 되었는데, 그곳에서 내가 좋아하는 관심사를 발견하게 되었다. 8형제의 막내로 태어나 어릴 때부터 여자들에 둘러싸여 지냈던 때문인지, 어릴 때부터 옷에 관심이 많았던 내게 부산은 최적의 장소였다. 당시 대부분의 외국 물자는 부산항을 통해 들어왔으며, 미8군이 주둔해 있었고, 바닷가 근처 가정에서는 일본 TV 주파수가 잡히기도 했다. 도시의 활기는 영화 〈국제시장〉에서 보이는 것과 같았다. 특히 옷은 일본을 거쳐 곧바로 부산으로 들어왔기 때문에 서울보다 유행이 먼저 시작될 정도로 부산은 패션의 선두주자였다.

집으로 가는 길에 있는 보수동 책방골목에서 일본 잡지를 사서 탐독했다. 잡지에서 마음에 드는 옷을 발견하면 그 페이지를 찢어 국제시장에 가서 원단을 직접 끊어 옷을 만들어 입었다. 고등학생 때부터 이미 양복 재킷을 입고 다녔으며, 그 시대의 평범한 사람이라면 상상도 할 수 없을 앵클부츠를 사서 신고 다녔다.

공무원 월급이 2만 원, 청바지 한 벌이 만 6천 원 하는 시절이었다. 비싼 원단을 사서 옷을 맞췄는데 제대로 실루엣이 나오지 않으면 억울하고 안타까운 마음에 발을 동동 구르고, 울음을 터트리기까지 했다. 내가 생각해도 옷에 대해서만큼은 양보를 하지 않는, 결코 평범하지 않은 학생이었다. 그야말로 시골 촌놈

이 옷이 좋아 옷에 흠뻑 빠져 살았던 것이다.

나는 지금도 자타가 공인하는 멋쟁이다. 원하는 원단을 찾지 못하면 커튼 천을 끊어다 셔츠를 만들기도 하고, 우리나라 사람들이 좋아하는 천편일률적인 모노톤의 칙칙한 색에서 벗어나 세련된 컬러와 패턴을 다양하게 소화해낸다. 예순이 된 나이에도 가죽 바지를 즐겨 입을 정도로 옷에 심취해 있다(국내에서 가죽 바지를 입으면 이상한 사람 취급을 받아 주로 해외 출장 때만 입는다).

가난한 시절이었다. 아들딸의 공부를 위해 전 재산인 소를 팔고, 밭을 팔아야 대학교를 보내는 집이 많을 때였다. 그마저도 녹록지 않은 학생들은 학교 수준을 낮춰 전액 장학금을 받을 수 있는 대학으로 가거나 아니면 고등학교를 졸업하자마자 생활 전선에 뛰어들어야 했다. 학비를 지원받아도 물가 높은 서울에서 살기 위해서는 생활비를 벌어야 했기 때문에 대부분의 시골 출신 학생들은 가정교사 같은 아르바이트를 해야 했다.

초등학교 5학년 때 수학여행 이후로 줄곧 서울에 살고 싶었던 나는 고등학교를 졸업하자마자 당시 최고의 직장 중 하나로 꼽히던 삼성물산에 지원해 공채로 입사, 장미라사로 발령받게 된다. 처음 주어진 일은 봉제사업부의 매장 관리 어시스트였다.

함께 서울로 온 친구들은 은행원이 되기도 하고, 대학에 진학해

행정고시를 보기도 하고, 교수가 되거나 국비유학생으로 뽑혀 옥스퍼드대학으로 떠나기도 했다. 당시는 회사를 다니면서 대학을 다니는 것이 묵인되었고, 잘나가는 친구들을 보며 공부를 해야 하나 갈등도 했지만, 일하면서도 배울 것이 너무나 많았고 바빴기 때문에 대학은 아예 마음속에서 접어두었다. 입사 후 일 년 정도가 지나고 나서 나라의 부름을 받아 입대했다. 제대 후 다시 장미라사로 복직했고 중간에 잠시 다른 부서로 발령을 받은 적이 있긴 하지만, 삼성에 있는 동안 계속해서 장미라사에 '붙박이'로 있게 된다. 본래 순환 보직으로 3년, 늦어도 5년 안에는 다른 자리로 옮겨야 하는 삼성에서는 예외적인 일이었다. 여기에는 아마 유별난 옷에 대한 사랑과 관심도 작용을 했을 것이다.

수습사원이었을 당시 월급은 5만 원, 엘칸토와 금강 같은 브랜드의 신발이 5천 원, 양복 한 벌 값이 한 달 월급과 맞먹을 때였다(기성복인 버킹엄 양복 한 벌이 약 5만 원 전후였다). 하지만 그때까지만 해도 우리나라 사람에게는 낯선 프랑스 브랜드 지방시Givenchy나 이탈리아 브랜드 조르지오 아르마니GIORGIO ARMANI나 빨질레리pal zileri 같은 양복을 사서 입고, 7만 원짜리 이태리제 구두를 신고 다녔다. 어릴 때와 별반 다르지 않아 신체 사이즈에 맞지 않는 옷은 수선해서 입다가 실패하는 경우도 허다했다.

신입사원 시절부터 이병철 회장이 돌아가시기 전까지 십여 년간 이 회장의 맞춤 옷을 사무실로 배달하거나 관리하는 옷 심부름을 담당한 것도 회사에서 나에게 신뢰를 보내는 데 크게 한몫했다.

그렇다고 내가 사치와 허영에 파묻힌 사람이라고 오해해서는 곤란하다. 복장사, 문화사, 서양사를 줄줄 꿰는 것은 물론 인문학에도 해박할 정도로 많은 공부를 했다. 한치의 주저함이 없이 '수트는 인문학'이라고 말할 정도로 옷이야말로 사람의 인품을 고스란히 세상에 드러내는 매개라고 생각하기 때문이다.

이러한 열정 덕분인지 1984년 스물여섯이라는 파격적인 나이에 장미라사의 지배인을 맡게 된다. 당시 제일모직 내부에서는 한바탕 구조조정이 일어나 장미라사에 있던 원년 멤버들이 모두 다른 자리로 옮기거나 퇴사하였다. 하루가 멀다하고 급변하는 시기였기 때문에 새로운 사람을 뽑아 업무를 파악하고 회사에 적응할 시간을 줄 수 있을 만한 여유가 없었다. 이러한 상황에서 최적의 적임자는 나이는 어려도, 옷밖에 모르는 이영원이라고 회사에서도 판단했을 것이다.

이렇게 회사원으로 성실하게 일해오던 중 옷에 대한 인식과 외

연의 폭을 넓히게 된 것은 첫 해외여행 후였다. 내가 해외에 처음으로 나가게 된 것은 장미라사가 제일모직에서 완전히 분리되고 나서도 2년이나 지난 1990년, 해외여행 자유화가 시작된 이듬해였다. 삼성에 속해 있을 당시에도 해외 시장조사를 위한 출장은 있었지만, 그런 기회는 좀처럼 돌아오지 않았다. 실무자들이 더 많이 보고 체험하고 느껴야 했지만, 옷과는 별 상관없는 윗사람들에게 밀렸던 것이다. 장미라사가 독립하고 나서는 사업을 재정비해야 하는 상황이라 제대로 회사의 지원을 받을 수 있는 여건이 되지 않았다. 그러나 더는 해외 시장조사를 미룰 수가 없다고 판단, 개인적으로 천만 원의 빚까지 내서 출장을 갔다. 당시 일반 직원의 월급이 백만 원이 채 되지 않을 때이므로 내 가슴속에 있었던 다른 문화의 옷과 패션에 대한 갈증이 얼마나 컸던 것인지 알 수 있다.

이탈리아, 프랑스, 런던을 돌아보며 눈앞에 펼쳐진 화려하고 발전된 풍경에 여지없이 압도당했다. 가장 먼저 나를 엄습한 것은 십 년 안에 우리나라의 맞춤 양복점이 모두 다 사라질지도 모른다는 불안과 공포였다. 무엇이든 수명은 있는 법이고, 일일이 손을 거쳐 만들어지는 양복을 만드는 일은 구시대의 유물처럼 느껴졌다. 그런데 실의와 절망에 빠진 생각을 바꾸게 해준 것은 엉뚱한 곳에서 나타났다. 센 강변과 몽마르트 언덕을 산책하면서 보게 된 그림들 때문이었다. 똑같은 그림인데도 왜 어떤 그림은 박물관에 전시되어 있고, 어떤 그림은 싼 가격에 관광객에게 팔려나가는 것일까를 생각하는 순간 답을 찾았다. 바로 '수준 차이'였다. 그리고 하나의 장르가 없어지는 것이 아니라 하나의 장르를 포기하는 사람만이 있을 뿐이며, 그것은 선택 사항일 뿐이라는 것을 깨달았다. 19세기에 카메라가 발명되었을 때 사람들은 그림이 사라질 것이라고 했지만, 가치 있는 그림은 오히려 더욱 대접을 받으며 고가에 팔리고 있다. 맞춤 양복도 마찬가지라는 믿음이 생겼다. 영국에 그 많던 맞춤 양복점이 사라졌지만, 여전히 명맥을 유지하며 예전보다 더 인기를 구가하는 곳도 있다. 500곳의 맞춤 양복점 중 한 곳만이 살아남는다면 그 한 곳이 장미라사가 되도록 해야겠다고 결심했다.

'살아남는 자가 강한 것이다.'

이 말은 첫 번째 해외 출장이자 여행을 통해 가슴에 깊이 새겨졌다. 이 말은 곧 확신이 되었고, 위기를 맞을 때마다 그 위기를 극복하는 신념으로 굳혀졌다. 90년 첫 해외 출장을 시작으로 나는 지금도 일 년에 3분의 1 이상을 해외에서 보내고 있다. 옷과 패션에 대한 심미안을 키우고, 사회와 문화에 대한 흐름을 읽으며, 시장 조사를 하기 위해서다.

'광'적으로 예쁜 것을 좋아하는 나는 '쇼핑광'이기도 하다. 옷 장사꾼은 옷을 만들기만 해서는 좋은 옷을 만들 수 없다고 믿기 때문이다. 스스로 쇼핑하고 입어보고 체험해보아야 비로소 제대로 된 옷을 만들 수 있다는 것을 경험을 통해서 알고 있다.

겁이 많지만 호기심도 많았던 어린 소년은 옷이 좋아 옷을 입었고, 옷이 좋아 옷 장사를 시작했다. 그리고 아름다운 옷은 나를 행복하게 만들어주었다. 지금 내가 가장 두려운 것은 열정이 식는 것, 그리고 교만이다. 교만해지는 순간 근본을 잊어버리고 발전이 없어지기 때문에 항상 자신을 뒤돌아보며 채찍질을 한다. 그리고 평생의 숙명처럼 옷에 어떤 가치를 불어넣을 것인지를 고민한다.

내게는 그 흔한 운전면허증도 없다. IT 강국인 우리나라에서 이메일도 보낼 줄 모르는 '컴맹'이다. 가지고 있는 증명서라고는 달랑 여권 한 장이 전부다. 일생을 통틀어 관심을 쏟은 것은 오로지 옷뿐, '옷을 사고파는 일이 가장 행복하다'고 여긴다.

법조인은 죄인을 상대로 하고, 의사는 병든 사람을 상대해야 하지만, 옷 장사꾼은 항상 기분 좋은 사람들과 만날 수 있는 직업이다.

옷을 지으러 오는 사람, 옷을 직업으로 삼고자 하는 젊은층, 옷과 만들어진 인연으로 만난 사람들 등 이십 대부터 팔십 대까지, 내가 만약 옷과 관련된 일을 하지 않았다면 지금까지 어떻게 이 수많은 사람들을 만나며 인연이라는 탑을 쌓아올 수 있었을까.

세상 사람들에게 나는 사하라 사막에서 수트를 팔아보겠다며 덤비는 무모한 기인奇人처럼 보일지 모르지만, 나는 비스포크야말로 좋은 사람과 이어질 수 있는 가장 훌륭한 도구라고 믿는다. 그리고 그 도구와 함께 평생을 함께한 나는 그 누구보다 행복하다. 자전거는 밟지 않으면 앞으로 나아가지 않는다. 인생 또한 자전거와 마찬가지다. 힘차게 밟을 때에만 앞으로 나아간다. 그래서 나는 오늘도 힘차게 인생의 페달을 밟고 있다.

멈추고 후퇴하는 대신
새로운 도전을 시작했다

'수트를 팔 수 있다면 뜨거운 사막이라도, 전쟁터의 탄환 속이라도 뚫고 간다.'

장미라사는 대략 십 년마다 굵직굵직한 전환기를 겪어왔다. 88서울올림픽으로 해외로 눈길을 돌리게 되고, IMF 경제 위기로 삼성에서 완전히 분리되어 독자적인 길을 걷게 되었으며, 리먼 브라더스(2008년) 사태로 장미라사의 근간이 크게 흔들리는 등 크고 작은 부침이 있어 왔다. 이때마다 장미라사는 지칠 줄 모르는 끈기와 의지, 현명한 지혜와 과감한 결단으로 위기를 극복해나갔다. 그중에서도 장미라사의 실질적인 성장을 견인해온 것은 누군가의 눈에는 무모하게 보일 수도 있는 장미라사만의 파격적인 도전의식이었다.

1988년에 나는 장미라사의 대표이사가 되었다. 그 전부터 장미라사를 세계적인 명품 브랜드의 반열에 올려놓겠다는 생각을 현실로 실현시키기 위해 본격적인 행동에 나서기로 했다. 1980년대 후반은 해외 여행객들의 입소문과 글로벌 교류량의 증가로 명품이 조금씩 소개되며 럭셔리 시장이 막 뜨기 시작하는 때였다(우리나라는 1990년대 명품 열기가 들불처럼 번져나간다).

먼저, 옷을 통해 친분이 있던 갤러리아 명품관의 사장을 만나 입점을 요청했다. 당시 해외 럭셔리 브랜드로만 구성된 명품관은 전국적으로 갤러리아 명품관 딱 한 곳밖에 없었다. 갤러리아 명품관에 입점만 할 수 있다면 장미라사가 명품이라는 보증서를 받게 되는 것과 다름없었다. 안 돼도 일단 도전해본다는 각오로 부딪혔지만, 갤러리아 사장은 장미라사가 원하는 자리를 내주겠다며 흔쾌히 승낙했다. 까다로울 것이라 우려했으나 생각했던 것보다 너무나도 쉽게 갤러리아 명품관에 입점하게 된 것이다.

장미라사는 입점 첫해부터 전체 남성복 가운데 매출 3위를 기록했다. 단위 면적당 매출액은 1위였다. 그 후 장미라사는 20여 년간 갤러리아 백화점 명품관의 유일한 국내 브랜드로 굳건히 자리를 지키고 있다.

남성 신사복 중에서는 최고 오랜 기록이기도 하다. 수많은 해외 명품 브랜드 사이의 유일한 국내 브랜드지만, 장미라사는 기가 죽기는커녕 이를 자극 삼아 더욱 더 분발해 2013년에는 기네스에 등재된 세계 최대 백화점인 부산센텀시티에도 입점하게 된다.

사업을 하는 사람이 바보가 아닌 이상 장미라사를 개인적인 친분 때문에 명품관에 입점을 승낙한 것은 아닐 것이다. 만약 거절을 할 수 없는 상황 때문에 어쩔 수 없이 입점을 허락했다 해도 실력이 없었다면 어지간한 명품 브랜드도 버티지 못한다는 갤러리아 백화점 명품 관에서 살아남지 못하고 자연 도태되었을 것이다. 결국 갤러리아 백화 점 명품관에서의 성공은 장미라사가 그동안 쌓아온 명성과 이를 인정 하는 사람들이 있었기에 가능한 일이었다.

비슷한 시기, IMF 경제 위기로 인해 부도 직전까지 내몰린 장미 라사는 대책 마련이 시급했다. 원가는 낮춰야 하는데 인건비는 올려 줘야 하고, 품질은 최고면서 다른 브랜드와 차별화해야 살아남을 수 있는, 진퇴양난의 위기에 처해 있었다. 이 같은 상황에서 장미라사를 맡게 되었으니, 난관을 타계하기 위해 아예 이탈리아에 방을 구해 놓 고 현장에서 깊게 고민하지 않을 수 없었다.

원가를 낮추기 위해 직원들의 월급을 깎거나 해고를 할 수는 없 는 노릇이니 결국 원단 외에는 값을 낮출 수 있는 방법이 없었다. 그 런데 기존의 원단을 수입하는 것이 아니라 원하는 원단을 주문 생산 하기 위해서는 적어도 250m 이상을 주문해야 했다. 하지만 기성복처 럼 대량 생산을 하지도 않고, 똑같은 모양의 단체복 수트를 만들지 않 는 이상 맞춤 양복점에서 필요한 양은 기껏해야 30m 정도였다. 스스 로 생각해도 원단 값을 낮춰줄 수 있는 방법이 없을 것 같았다. 그렇 다고 마냥 앉아 있을 수만은 없는 일이었다. 어떻게든 방법을 찾아야 했다. 이탈리아어를 모르기 때문에 유학생 한 명을 고용해 통역을 부 탁하고, 무작정 원단 제조업체의 문을 두드렸다.

　낯선 업체의 문을 두드리는 데에는 커다란 용기가 필요했지만, 이 일 역시 생각보다 수월하게 해결되었다. 그것도 30퍼센트 할인 가격이 아니라 3분의 1의 가격으로 계약을 체결한 것이다. 분명 수지타산이 맞지 않을 텐데도 외국까지 찾아와 직접 문을 두드리는 나의 정성을 높이 산 때문이었을까. 이렇게 맺어진 귀한 인연으로 장미라사에서는 이탈리아 '매그노퍼스', 'G베르디', '더 플라티늄', '슈페르머시' 등 최고급 원단을 직접 주문 생산하고 있으며(물론 제일모직 최고급 원단인 란스미어, 로로피아나, 에르메네질도 제냐 등의 원단도 선택할 수 있다), 원가를 대폭 절감할 수 있었다. 그때 거래를 시작한 업체와는 지금까지 계속 인연을 이어가고 있으며, 가끔 한두 벌 특별한 수트 제작을 위해 원단을 주문할 때도 있다.

　혼자의 생각에 함몰되어 미리 포기했다면 결코 얻을 수 없는 성과였다. 사업이든 인생이든 아이디어가 떠오른다면 일단 부딪혀볼 필요가 있다. 가만히 있으면 성공할 확률이 제로지만, 꿈틀거리기라도 하면 확률은 생겨난다. 움직이지 않는 것보다 더 무서운 것은 미리 안 될 것이라고 포기하는 마음이다.

　이런 각오로 시작한 또 하나의 도전이 장미라사의 글로벌 진출이다. 리먼 사태로 또 한 번 장미라사가 휘청이자 나는 깊은 고민에 빠지게 되었다. 리먼 사태로 타격을 받은 것은 장미라사의 주 타깃이기도 한, 현금이 많은 금융 에디터, 30~40대의 젊은 층이었다. 장미라사의 주 고객이 몰락한 것이었다. 그것뿐만이 아니라 2월, 7월, 8월, 모든 직원이 손을 놓아야 할 정도로 비수기인 시기를 극복하는 것도 과제였다. 새로운 고객이 필요한 때였다. 그 외에도 장미라사가 해외로 진출해야 하는 이유는 많았다.

///////////

'한국 시장을 지키고 싶다면 한국을 떠나라.' 이 역설적인 이 표현은 살아남기 위해 선택할 수밖에 없는 모든 기업의 숙명이다. 외국에서 알아주는 브랜드로 성장하지 못한다면 반대로 한국에서 살아남는 것도 어렵다.

외국 브랜드가 속속 밀려드는 상황에서 한국 시장만을 고수하겠다는 것은 어린아이가 손에 쥔 과자를 놓기 싫다고 울어대는 투정과 다를 바가 없었다. 아무도 오라는 사람은 없었지만, 스스로 그 방법을 찾아야 했다. 누구나 인정하는 좋은 사람을 찾아 장미라사의 진가를 알려야 했다.

그러나 우리나라의 수트 역사는 영국에 비해 약 150년 정도가 늦다. 과거 제일모직이 세계적인 원단으로 성공하겠다며 양복 한 벌에

만 불이나 하는 원단을 파리에 팔러 간 적이 있었다. 그런데 그 업체 사람이 아프리카에서 인삼을 만들어 한국으로 팔러 오면 한국 사람들이 그것을 사겠냐며 되물었던 적이 있었다. 그럴 듯하게 들리는 말이지만, 그 관념을 깨지 못한다면 장미라사가 살아남을 수 있는 길은 없으며, 더 이상의 성장은 포기해야 함을 의미했다.

고민거리가 생길 때마다 한국에서 끙끙대기보다는 오히려 밖으로 나가 해답을 찾았다. 히말라야를 여행하던 중 네팔에서 문득 '나라는 가난해도 왕은 부자다'라는 생각이 들었다. 네팔도 왕족들은 양복을 입는다는데 생각이 미쳤던 것이다. 그리고 고객 타깃을 좁히는 편이 분명 사업에도 도움이 되었다.

전 세계적으로 못 사는 나라를 꼽을 때 열손가락 안에 드는 네팔에 5천 달러나 하는 양복을 팔려고 하는 것이 에스키모에게 냉장고를 팔겠다는 일본 사람들보다 더 미친 짓처럼 여겨졌다. 못 사는 나라이기는 하지만, 그래도 한 나라의 왕이 일개 옷 장사를 선뜻 만나줄 리도 만무했다. 그런데 여행 중 만난 네팔 한국 식당 사장과 이런저런 이야기를 하다 네팔의 유명한 족장의 아들을 소개받게 된다. 그렇게 맺은 인연은 다시 네팔 왕의 비서실장을 소개하게 돼 결국 네팔에서 왕의 옷을 짓게 된다. 지금은 쿠데타로 왕이 죽고, 정세가 지나치게 불안정해서 들어가지 않지만 기회가 된다면 언제든지 다시 도전할 생각이다.

최근에 도전한 것은 '중동 프로젝트'였다. 네팔과 마찬가지로 상류층에 양복을 팔기 위해서였다. 보통 중동은 날씨가 더워서 양복을 입지 않을 것이라고 생각하지만, 상류층들은 영국의 재단사들에게 옷을 해 입기 때문에 옷 입는 수준이 상상을 뛰어넘는다. 그런데 최근 중동의 정세가 불안정해지면서 영국 테일러들이 중동에 들어가지 않게 되고, 그 틈을 장미라사가 뛰어들기로 한 것이다.

현재 가고 싶다고 해서 모든 나라를 다 갈 수 있는 것은 아니다. 신변안전보장을 받고, 방탄복을 입고, 비상시 수혈을 받을 수 있도록 차에 자신의 혈액형이 담긴 피를 매달고 달려야 할 정도로 긴박한 상황이었다. 그러나 포기할 수는 없었다. 그렇게 처음 그 나라의 궁에 들어간 날, 외국 귀빈을 십 분 이상 만난 적이 없다는 수상 방에 한 시간 이상을 머무르며 많은 옷을 주문받았고, 그 후에도 열 차례 이상 그 나라를 오가며 수많은 양복을 수주받게 되었다.

리먼 사태로 장미라사를 지탱해줄 새로운 수요도 필요했지만, 그에 맞춰 좋은 옷을 만들기 위해 직원들의 대대적인 교육도 함께 필요해졌다. 사업에 성공하기 위해서는 직업의 본질에 대한 철저한 이해와 타깃에 대한 세밀한 분석이 필요하다. 그리고 만든 제품에 대해 상대를 설득할 수 있는 자신감이 필요하다. 특히 비스포크는 철저하게 상위 계층을 위한 작업인데, 본인이 '금수저'를 물고 태어나지 않은 이상, 책을 들여다보고 분석하는 것만으로는 고객을 이해하는 데 한계가 있었다. 옷을 팔기 위해서는 상대보다 높은 감각과 수준이 필요한데, 본인이 옷을 못 입으면서 스타일리스트를 하겠다고 나설 수는 없는 노릇이었다. 사장이 재단에서 상담까지 모든 것을 해결할 수 없는 이상, 직원들의 수준을 업그레드이드할 필요가 있었다. 그것도 하루라도 빨리.

고민 끝에 직원들의 해외 연수를 시작했다. 이탈리아, 프랑스 등 현지로 가서 잘 만든 옷이 어떤 옷인지 직접 보고, 체험하고, 공부시키는 것이 목적이었다. 금융인이 어떻게 입는지, 외교관이 어떻게 입는지, 현지에서 저녁을 먹고 파티에 참석해 그들을 만나면서 몸으로 겪고 눈으로 보며 공부했다. 좋은 옷을 만들기 위해서는 지적 호기심이 필요하다. 양복과는 아무 연관 없을 것 같은 사하라 사막에서도, 히말라야 산에서도, 적도에서도 사람들이 무엇을 입는지 궁금해하고 유심히 관찰해야 한다. 그 속에 답이 있기 때문이다. 하지만 그것만으로는 부족했다.

우선은 옷을 잘 입게 하는 교육이 필요했다. 옷을 잘 입는 것은 쇼핑에서 출발한다. 결국 특단의 조치로 해외 출장을 갈 때마다 직원 한 명당 이삼천 달러씩 돈을 주고 명품을 쇼핑하게 했다. 출장 기간 동안 지급한 돈을 한 푼도 남겨서는 안 되고, 가족이나 친구를 위해서도 안 되고, 오로지 자신만을 위해 쓰도록 했다. 만약 다 쓰지 못하고 돈을 남겨 오면 오히려 벌점을 주었다. 그러자 직원들 사이에 활력이 생기며, 더 열심히 배우고자 하는 의욕이 넘쳐나기 시작했다. 자신의 것을 사기 때문에 더 열심히 보고, 더 열심히 시장 조사를 하고, 행복해했다. 말이 쉬워 '쇼핑 교육'이지 영업 이익의 대부분을 몽땅 직원의 교육에 쏟아붓는다고 하면 사람들은 분명 미쳤다고 할 것이다. 하지만 우리나라의 유명 백화점에서 쇼핑하는 것과 파리의 샹젤리제 거리를 걸으며 쇼핑하는 것은 분명 달랐다.

급변하는 현대에서 직원을 성장시키기 위해 가장 빠른 지름길을 위해서는 선택의 여지가 없었다. 방법을 알면서도 돌아갈 수는 없었기 때문이다. 일류만이 일류를 만들 수 있는 법이며, 세상에 저절로 이루어지는 것은 없다. 희생을 하더라도 일상적인 방법에서 탈출해 긴 안목에서 보아야 성공할 수 있다는 믿음은 지금도 변함이 없다.

장미라사의 도전은 여기에 멈추지 않았다. 이백 년이 넘은 비스포크 테일러 시스템에 도전장을 내민다. 세계의 권위 있는 비스포크 전문점은 프런트 직원, 즉 상담직은 모두 남성이다. 본래 장미라사도 남자 직원을 고수했었다. 그러나 시대의 흐름상 혹은 남자들의 성격상 좋은 남자 직원을 고용하는 것이 점점 어려워져갔다. 맞춤 양복에 대해 회의적으로 바라보는 시선이 많았고, 비스포크의 가치를 제대로 이해하지 못하는 남자들은 맞춤 양복점의 일을 답답해하며 오래 견디지 못했다. 그러나 여성은 달랐다. 여성은 패션에 관심이 많고 센스가 있을 뿐더러 제대로 예우하면서 일하면 오랫동안 근무할 수 있는 자질을 갖추고 있었다.

////////////

결국 무능한 남자보다는 유능한 여자를 과감하게 고용하게 되고, 메이저급에서 프런트에 여성을 세운 것은 장미라사가 세계 최초라는 기록을 남기게 된다. 현재 장미라사의 총괄 매니저, 프런트 등은 모두 여성 직원이 맡고 있다.

거래 중인 프랑스와 이탈리아의 맞춤 양복점에 이 이야기를 하면 깜짝 놀란다. 그들도 장미라사의 판단과 도전에 커다란 응원을 보낸다. 아무리 전통이 좋다고는 하지만, 변화가 없는 전통은 결국 몰락하고 만다. 전통은 유지하되, 불필요한 관습에서는 탈피해 새로운 돌파구를 찾자는 것이 장미라사의 기조다.

과거에는 십 년 단위로 찾아오던 위기가 세계 경제가 어려워지고 글로벌 경쟁이 점차 격화되어 가면서 5년, 3년으로 그 주기가 빨라지고 있다.

위기를 겪지 않는 사람이나 기업은 없다. 앞으로는 그러한 위기와 더 자주 만나게 될지도 모른다. 하지만, 장미라사의 도전은 멈추지 않을 것이다.

수트는 남자에게
최고의 우아함을 선사한다

거안사위居安思危, '편안할 때도 위태로울 때의 일을 생각하라'는 사자성어는 꼭 대기업에만 해당하는 일은 아니다. 개인이나 중소기업의 경우에도 잘나갈 때 미래를 대비하지 않으면 위기가 닥쳤을 때 아무것도 해보지 못한 채 무너질 수 있다.

장미라사의 지속적인 고민은 어떻게 해야 수트에 가격 이상의 '가치'를 심을 수 있는가 하는 부분이다. 분명 사람들은 '맵시'만을 위해서 비스포크를 선택하는 것은 아니다. 가치가 없다면 굳이 비싼 돈을 들여 경매에서 고흐의 진품을 낙찰받지 않고 잘 만든 모작만으로도 충분히 그림을 감상할 수 있을 테니 말이다. 사람들이 모작이 아닌 진품에 진정한 가치를 부여하듯, 비스포크 역시 사람들의 마음을 사로잡을 만한 특별한 가치를 부여하지 못한다면 가격 경쟁에서 밀리거나 반맞춤, 기성복보다 못한 양복점으로 추락하고 말 것이다. 좋은 옷은 좋은 작품을 만드는 것과 마찬가지라고 나는 믿는다. 나아가 사람들에게 브랜드가 추구하는 바를 분명하게 옷으로 전달할 수 있어야 한다.

옷을 짓는다는 것은 흐르는 물과 같다. 고인 물이 썩는 것처럼 계속 같은 형태를 고집해서는 금세 뒤처지고 말기 때문에 시대의 흐름을 따라가며 유연해져야 할 필요가 있다.

디자이너들은 항상 자신을 부정해야 하는 매우 고단한 직업이다. 자기 자신을 부정하지 않으면 고인 물이 되어버리고, 옷은 금세 구식이 되어버린다. 세월에 따라 사람이 바뀌듯 생각도 바뀌고 유행도 바뀐다. 만약 디자이너들의 계속된 자기 부정이 없었다면 우리는 아마 지금까지도 로마 시대의 토가를 입고 있을지도 모른다.

장미라사가 롱런할 수 있는 이유도 바로 이러한 끊임없는 자기 부정이 있었기 때문이다. 장미라사의 60년 역사는 결국 방향을 수정하고, 다시 제자리를 찾기 위한 부단한 노력의 연속이었다. 말이 쉬워 자기 부정이지 사업이 번창할 때 스스로를 되돌아보고 겸손해지기란 결코 쉽지 않은 일이다. 긴장을 늦추지 않고, 항상 자신을 돌아보는 각고의 노력이 필요한 것이 맞춤 양복의 세계인 것이다.

장미라사가 나아가야 할 방향을 결정하는 데에는 일본이 좋은 비교 모델이 되어주었다. 영국식 비스포크를 받아들인 일본은 한때 최고의 비스포크로 세계적인 인기를 끌었던 적이 있다. 그런데 지나치게 장인정신을 강조한 나머지 패션의 근본, 즉 미美에 대한 측면을 간과하고 말았다. 일본은 양복 한 벌을 만드는 데 몇 만 땀씩 바느질을 한다. 장미라사는 양복 한 벌을 만드는 데 약 2만 5천 땀 정도를 바느질한다.

그러나 아무리 예쁜 음식도 먹지 못하면 빛 좋은 개살구일 뿐인 것처럼 아무리 잘 만들어도 입지 못하는 옷이라면 아무 소용이 없다. 일본은 남의 옷을 보지 않고 기술이라는 외견에만 지나치게 함몰해 수트가 추구하는 본질, 입었을 때의 아름다움을 놓쳐버리고 만 것이다. 이처럼 모든 일이 처음에 목표를 제대로 인지하지 못하면 조그마한 실수에도 방향을 잃고 엉뚱한 곳을 헤매다 결국 자멸의 길로 들어서게 된다.

몸에 딱 맞는, 바느질이 잘된 옷을 입으려면 컴퓨터로 스캔을 떠서 입체적으로 제작하면 된다. 지금 기술로도 충분히 가능한 일이다. 바느질은 손보다 재봉틀이 훨씬 더 정교하다. 그럼에도 사람들이 비스포크(핸드메이드)를 고집하는 이유는 무엇일까? 비스포크가 결코 기계로는 구현할 수 없는 '아름다운' 옷과 가치를 담아내기 때문일 것이다. 우리나라도 처음에는 일본의 비스포크 문화를 많이 받아 지나치게 기능적인 요소를 강조한 적이 있었지만, 이런 양복점은 대부분 기성복의 유행과 함께 명맥을 달리했다.

옷은 바느질이 아니라 입었을 때의 편안함과 실루엣이 관건이다.

특히 남자의 수트는 비즈니스복으로 아침부터 저녁까지 장시간 입어야 하기 때문에 편하지 않으면 안 된다.

실루엣은 수트의 전체적인 분위기를 좌우하는 중요한 요소다. 사실 우리나라 말 중에는 '실루엣'이라는 말을 대체할 단어가 딱히 없다. 최근 일본어로 '간지(感じ, かんじ)'라는 말을 사용하기도 하지만, 이 또한 실루엣이란 말에 딱 맞아떨어지는 단어는 아니다.

옷의 본질은 미美, 아름다움에 있다. 영국이 절제된 아름다움, 겸손한 척하면서 차별화를 시도하는 댄디즘을 추구한다면 이탈리아는 색감이 화려하고 자유분방한 느낌으로 스타일리시함을 강조한다. 세부적으로 보면 각 브랜드마다 추구하는 이미지도 조금씩 다르다.

아르마니는 남자도 여자도 아닌 듯한 중성적인 섹슈얼함을 강조하고, 톰 포드는 강하고 남성적인 힘을 드러내며, 폴 스미스는 화려하면서도 고급스럽고 세련되다. 이처럼 수트는 각 나라와 브랜드마다 조금씩 표현이 다르긴 하지만, 기본적으로 수트가 추구하는 바는 엘리건트, 즉 우아함이다. 장미라사 역시 다른 브랜드와 차별화하여 장미라사만의 미의 기준을 보여줄 수 있는 콘셉트를 잡기 위해 부단히 노력해왔다.

　이십여 년 전까지만 해도 우리나라의 수트는 영국이나 이탈리아에 비해 수준이 한참 떨어졌었다. 그러나 지금은 아니다. 영국처럼 원조도 아니고, 미의 표준을 만든 이탈리아처럼 미적 감각을 가지고 있지는 않지만, 뛰어난 손재주와 적응력을 살려 지금은 세계적인 수준까지 올라와 있다. 여기에서 부족한 것은 바로 미적 감각, 브랜드만이 가지고 있는 고유한 색깔이다. 이런 아우라는 흉내만 내어서는 절대 만들 수 없을뿐더러 설사 비슷하게 만들었다고 해도 결코 예쁘지가 않다. 잘 그린 모작에 홀릴 만큼 사람들의 수준이 낮지 않기 때문이다.

　나는 이 부족한 부분을 메우기 위해 오랫동안 고민해왔다. 생각이 막힐 때마다 영국과 이탈리아의 디자이너들이 자주 찾는 아테네로 향한다. 아테네는 겉으로만 보면 무너진 돌덩이가 쌓여 있는 폐허에 가까워 오랫동안 찬찬히 들여다보지 않으면 그 속에 있는 궁극적인 아름다움을 쉽게 보여주지 않는다. 하지만 포기하지 않고 계속 아테네를 돌아다니다 보면 고대 그리스 건축물의 완전한 균형미와 단아하면서도 부드러운 숭고함이 천천히 보이기 시작하며 감동의 깊이를 느낄 수 있다.

　그렇게 해서 찾은 장미라사만의 미의 기준은 '이오니아적 우아함'이다. 이오니아 양식은 기원전 7세기 초부터 발달해 기원전 6세기 이후 아테네를 비롯해서 그리스 전역에 퍼진 건축 양식이다. 이오니아 양식과 더불어 세계에서 가장 오래된 도리스 양식이 간소하고 중후하며 남성적인 데 반하여, 이오니아 양식은 오리엔트 세계의 영향을 받아서 여성적이면서도 경쾌하고 우아하다. 고대 그리스 건축물의 기둥에서 그 차이를 볼 수 있는데, 내가 이오니아 양식에 매료된 이유는 균형미에 있다. 균형이란 곧 중용中庸과 통한다. 중용이란 가운데가 아니라 지나치거나 모자라지 아니하고 한쪽으로 치우치지도 아니한 '알맞음'이다. 중용의 아름다움을 이오니아 양식에서 찾아낸 것이다.

장미라사는 기본적으로 우아한 수트를 표방한다. 장중한 느낌보다는 절제미가 있는 스타일을 추구한다. 남성적인 느낌에 부드러운 라인을 가미해 내추럴한 분위기가 살아나도록 한다. 남성복은 라인이 너무 과하면 가벼워보이고, 반면 너무 없으면 둔해보이기 때문이다. 하지만 어떤 옷을 만들든지 한 가지 고집하는 원칙이 있다. 바로 테일러가 지나치게 자기 색깔을 내서는 안 된다는 것이다. 나는 '은쟁반에 금사과'라는 성경 구절의 표현을 즐겨 사용한다(본래는 '지혜로운 말의 아름다움'을 의미한다). 쟁반의 기본 역할은 쟁반 위의 음식을 돋보이게 하는 것이지 결코 쟁반 자체가 도드라져 보이려고 해서는 안 된다는 것이다. 그러면서도 쟁반 자체의 고귀함을 잃지 않아야 하므로 '은쟁반에 금사과'는 옷이 아니라 사람을 돋보이게 하는 비스포크의 적절한 예라고 할 수 있다(물론 여기서 좋은 옷을 입는 사람도 금사과일 만큼 인격적으로 성숙되어야 한다). 만약 사람이 아니라 옷이 돋보이게 되면 그 옷은 이미 생명을 다하는 것이다.

////////////

　결론적으로 좋은 옷이란 '몸'에 맞는 것이 아니라 '사람'에 맞아야 하고, 비스포크의 궁극적인 목적은 '사람'에 있다. 이동수단이나 정보수단으로는 디지털, 기계가 편하고 좋을지 모르지만, 사람을 상대하는 비스포크가 더욱 철저하게 아날로그를 지향하는 이유가 바로 여기에 있다.

　장미라사의 현재는 분주하다. 5년, 10년 미래 계획을 세워두고 계속 수정하면서 앞으로 나아가는 중이다. 고인 물이 되지 않기 위해서는 옷뿐만 아니라 그 외에도 해야 할 일이 많다. 5년 안에 글로벌 시장에 안착한다는 목표를 세우고 부지런히 움직이는 중이며, 새로운 충성 고객을 만들기 위해 여성복을 확대할 예정이다. 더 많은 좋은 사람에게 장미라사의 옷을 입히기 위해 지금까지보다 더 많은 커리어를, 빨리 쌓겠다는 각오다. 그리고 이런 목표 달성을 향해 쉬지 않고 움직이고 있다.

　다른 제품과 달리 비스포크는 만들어져 있는 제품이 없다. 동화 〈벌거벗은 임금님〉처럼 빈손으로 사람을 만나 눈에 보이지 않는 물건을 팔아야 한다. 아무것도 없는 허허벌판에서 도구도 없이 땅을 파고 씨를 뿌려야 하는 상황과 같다. 게다가 비스포크 특성상 가봉을 해야 하기 때문에 생각만큼 해외 시장을 뚫는다는 것이 쉽지만은 않다. 하지만 호랑이를 잡으려면 호랑이굴에 들어가야 한다는 생각만큼에는 변함이 없어 어디든지 요청이 있으면 두말하지 않고 재단 도구를 챙겨 비행기에 오른다.

가격도 각 나라에 맞게 책정할 예정이다. 우리나라에서도 한 벌에 5백만 원을 넘는 옷은 선뜻 입기 쉽지 않다. 한두 벌은 몰라도 계속해서 입을 수 있는 가격은 아니다. 입지 못하는 옷은 죽은 옷과 마찬가지이므로 가격 전략을 잘 세워 많은 사람들이 장미라사를 찾을 수 있도록 하는 것도 중요한 과제다.

장미라사는 네팔, 중동, 일본, 동남아시아, 마카오 등에 이어 최근에는 중국 진출을 꾀하고 있다. 많은 기업이 중국에 진출했다 쓴맛을 볼 정도로 중국은 다른 나라와 달리 더 까다롭고 어렵기는 하지만, 다행히 상해를 중심으로 조금씩 가시적인 성과가 보이고 있는 중이다. 이런 보이지 않는 노력에 의해 현재 장미라사 전체 매출의 30퍼센트 정도를 차지하는 해외 매출 비중도 곧 60퍼센트까지 끌어올릴 수 있을 것으로 보고 있다.

미래란 결코 예측할 수 없기에 의미가 있는 것이다. 그러나 방향을 잃지 않고 현재에 충실할 수 있다면 장미라사라는 브랜드를 입은 사람을 전 세계에서 볼 수 있는 날도 머지않을 것이다.

수트를 만드는 일 [+]
아직도 정통 비스포크 방식을
고집하는 이유

수트는 아주 쉽게 만들 수 있다. 모양만 내면 되기 때문이다. 하지만 수트는 집을 짓는 이상으로 만들기 어렵다. 가만히 있는 집과 달리 사람은 앉았다 일어서고 호흡하고 먹고 마시는 등 끊임없이 움직이고 변화하기 때문이다.

재킷을 한 장 만드는 데 걸리는 시간은 바느질만 약 40시간 정도 걸린다. 출퇴근하고 식사하고 휴식하는 시간 등을 고려하면 재킷 한 장을 만드는 데 약 5일 정도가 소요된다. 하루에 몇 백 벌을 기계로 찍어내는 기성복과 비교하는 자체가 우스운, 물리적인 시간만으로도 무척이나 오래 걸리는 과정이다.

유럽이나 이탈리아에서 만드는 정통 비스포크 방식의 바느질은 바늘을 위에서 아래로 꽂아 완전히 바늘을 뺀 다음 다시 아래에서 위로 꽂아 바늘을 빼내지만, 우리나라 대부분의 비스포크 맞춤 양복점에서는 바느질 한 번에 여러 번을 꿰는 방식을 채용하고 있다. 이 방식은 과거 우리나라가 처음 양복을 배울 때 일본에서 배운 약식으로 이런 방법으로는 원단이 밀려 비스포크가 지향하는 완벽한 라인을 만들어낼 수 없다. 바늘로 한 땀씩 찌르는 방식은 원단이 서로 압착이 되기 때문에 훨씬 더 튼튼하고 깨끗한 라인을 잡아낼 수 있다.

장미라사 역시 88서울올림픽 이전에는 이와 같은 약식으로 양복을 만들어오다 이후 이것이 잘못된 방법임을 알고 나서 다시 바느질을 배웠다. 정통 비스포크를 지향하기 위해서였다. 섬유를 개발하고 원단을 고급화하는 등 끊임없이 변화를 꾀했지만, 단순히 원단을 좋은 것으로 바꾸는 것만으로는 한계가 있었던 것이다. 하지만 그동안 익혔던 기술을 하루아침에 버릴 수 없어 완전히 이 방식이 안착되기까지는 8년이라는 세월이 걸렸다. 어느 드라마에서 유행시킨 '장인의 손으로 한 땀 한 땀 만든다'라는 말은 단순한 표현이 아닌, 그야말로 장인의 땀이 배어 있음을 의미하는 표현인 것이다.

수트는 원단이라는 평면을 곡선(수트)으로 만들어내야 하는 일종의 예술이다(섬유에 따라서도 난이도가 달라진다). 예를 들어 세 겹으로 늘어놓은 10cm의 원단을 9cm라는 곡선으로 만들어 볼륨을 만들어낸다. 각도에 따라서도 다르고, 남는 여분을 어떻게 배치하느냐에 따라 옷의 디테일은 달라진다. 일류 기술자와 초일류 기술자는 이를 어떻게 표현하느냐에 따라 갈라지는 것으로 그 차이가 800분의 1, 400분의 1 정도밖에 되지 않는다. 1~2mm의 오차로 일류와 초일류가 나뉘는 것으로 결코 공식화할 수도 없는 부분이 바로 장인의 영역이다. 혹자는 이게 무슨 의미냐며 대수롭지도 않게 여길 수 있지만, 전체 실루엣을 보며 이런 미묘한 오차를 잡아내는 것이 인간의 눈이니, 사람이 대단한 존재인 것만은 분명하다.

////////////

　이처럼 한 가지 분야에서 최고의 경지에 이른 사람을 장인이라고 한다. 하지만 장인이라는 것은 같은 일을 오래 한다고 저절로 되는 것은 아니다. 오래 했다고 무조건 장인이라면 젊은 나이에 요절한 장 미쉘 바스키아 같은 화가는 결코 천재 화가 리스트에 그 이름을 올리지 못했을 것이다.

　옷은 감성으로 표현하기 때문에 재단사와 작업을 지시하는 사람의 호흡이 잘 맞아야 한다. 유럽에서는 작업 전체를 지휘하는 사람을 '마스터master'라고 부르는데 이들은 나의 인체를 표현하는 사람으로 비스포크 과정에서 아주 중요한 역할을 한다. 미켈란젤로가 모든 조각을 혼자서 한 것이 아니듯, 마스터들은 정확한 근거를 가지고 재단을 총괄 지휘하며 옷의 색채를 만들어내기 때문에 끊임없이 공부하고, 세상과 소통하며 많은 것을 보아야 한다. 닫힌 세상에서는 사람들이 입는 옷을 잘 만들 수 없기 때문이다. 그래서 나는 장미라사의 마스터들과 함께 공부하고 세계 곳곳을 누비며 많은 것을 보게 했고,

그런 지속적인 연구 덕분에 장미라사는 타 업체와 차별화를 꾀할 수 있었다.

　가끔 면접을 보거나 옷에 대해 공부를 하겠다는 사람을 만나 보면 장미라사가 타 양복점과 무엇이 다른지, 왜 장미라사의 옷을 입어야 하는지 오히려 내가 질문받을 때가 있다. 나는 매번 이 질문에 장미라사는 단순히 다른 곳에 비해 비싸고, 옷을 좀 더 잘 만드는 곳이라기보다는 사람과 '소통'할 수 있는 통로이길 원하며, 그런 사람에 대한 철학이 장미라사에 담겨 있다고 대답한다.

　옷을 만드는 것과도 연관이 있지만, 사업을 한다는 것은 끝이 없는 평형대 위를 걷는 것과 같다. 언제 떨어질지 항상 긴장하고 있어야 하기 때문에 스트레스를 많이 받는다. 그러나 내가 이 일을 계속 할 수 있는 것은 무엇보다 사람이 좋기 때문이다. 나는 옷을 통해 서로 즐거움을 나누고 싶다. 그리고 만족을 주고 싶다. 그런데 의외로 소통이 없는 곳이 패션 세계다. 맞춤 양복뿐만 아니라 기성복도 다들 자기 세계에 파묻혀서 지내다 보니 방향을 잃고 만다. 하지만 패션은 생활에서 중요한 부분을 차지고 있을 뿐, 패션 때문에 문화가 바뀌지는 않는다. 그러므로 항상 시선은 밖을 향해야 하며, 세상에 귀를 기울여야 살아남는 옷을 만들 수 있다고 믿는다.

　장미라사는 현재 도제 프로그램을 운영하기 위한 준비를 마쳤다. 수트는 스승과 제자가 일대일로 기술을 배우고 전수받아야 하는 도제 프로그램이 필요한 분야다. 그 전부터 옷에 관심이 있는 사람들이 배우기를 자청하며 장미라사를 찾아왔으나 여러 가지 문제로 인해 시도하지 못해 늘 안타까웠다. 하지만 이제 더 좋은 옷, 더 나은 미래를 위한 후배 양성에 대한 바탕이 마련되었다.

미래는 좋고 나쁘고의 개념이 아니라 내가 어떻게 하느냐에 따라 존재하느냐, 마느냐 하는 생존이 걸린 문제다. 생존을 위해, 또 우리가 현재 지키고 있는 이 가치를 지켜가야 할 의무 때문에 알아주는 사람은 적을지 몰라도 장미라사는 앞으로도 계속해서 이 길을 고수할 것이다.

장미라사의 옷을 입는 사람들[+]

정치인, 경영자, 문화예술인
그리고 젊은 직장인까지

세상에는 수많은 연예인 지망생이 있다. 그러나 그 많은 지망생 중 톱스타가 되는 이는 1퍼센트도 채 되지 않을 만큼 극히 일부분이다. 드라마 하나 잘 만나서 우연히 톱스타 자리에 오른 것 같은 연예인도 그 면면을 찬찬히 들여다보면 하루아침에 만들어진 것이 아니다. 최근 한류 스타로 떠오르고 있는 젊은 배우들이나 40대 전후의 나이로 꽃중년이라 불리며 뒤늦게 진가를 발휘하고 있는 중견 배우들은 단역부터 꾸준히 연기 실력을 쌓으며 몸을 사리지 않는 연기 투혼으로 정상에 선 이들이다. 이런 기본기가 없이는 우연히 톱스타 자리에 오른다고 해도 그 자리를 오래 지키기 어려운 것이 바로 연예계의 생리이기도 하다. 그러나 연예인들이 존속할 수 있는 가장 근본적인 이유는 충성팬, 지지자들이 있기 때문이다. 연예인을 사랑해주는 팬이 없다면 톱스타가 나올 수도, 감독이나 PD의 러브콜을 받을 수도 없으며, 연예인이란 존재 자체가 불필요해진다.

비스포크 역시 마찬가지다. 수많은 양복점 사이에서 최고가 되기 위해서는 계속해서 변화된 모습을 추구해야 하며, 그런 노력이 빚어낸 기술과 실력에 호응해 열렬하게 지지해주는 충성팬이 생겨나야 한다. 70년대 명동 일대 중심가에만 5백여 개의 맞춤 전문점들이 성행했지만, 지금은 십여 개 정도만 살아남아 운영되고 있는 것만 보아도 팬들의 필요성은 금세 알 수 있다.

장미라사는 만들어질 당시부터 대기업 임원부터 사업가, 정치인, 경제인, 문화계 주요 인사들로부터 사랑을 듬뿍 받으며 성장했다. 그중에서도 장미라사를 이야기할 때 빼놓을 수 없는 사람은 바로 삼성의 창업주인 이병철 회장(1910~1987)이다. 이병철 회장은 '그림 그리듯 옷을 입는 분'이었다. 나뿐만 아니라 많은 사람이 이 회장을 당대의 멋쟁이로 기억하고 있다.

이병철 회장은 탐미주의자였다. 옷을 잘 입는 사람이라고 해도 보통은 장소에 맞춰 옷을 골라 입는 정도지만, 이 회장은 머릿속에 든 생각에 맞춰 옷을 입었다. 가령 반도체를 추진할 때는 헤어 컬러를 메탈 그레이(짙은 회색)로 염색하고 비둘기색보다 더 짙은 회색 재킷과 밝은 블루 팬츠를 입었다. 이병철 회장이 고령에도 불구하고 연분홍 재킷을 선호했다는 것은 잘 알려진 사실인데, 그만큼 옷을 입는 데에 대한 자신감도 컸으며 즐기기도 한 것이다(이병철 회장의 이런 탐미주의적 경향이 지금의 호암미술관을 만드는 데 커다란 일조를 하기도 했다).

장미라사는 전두환, 이명박 등 역대 대통령의 정장을 만든 양복점으로도 유명하다. 이명박 대통령은 대선 레이스와 취임식 때도 장미라사의 수트를 입었을 정도로 장미라사의 옷을 사랑했다. 별도의 스타일리스트 없이도 색감이나 체형을 고려해 수트를 잘 입는 것으로 소문난 이명박 전 대통령은 몸에 딱 떨어지는 이탈리안 실루엣의 깊은 회색을 선호하지만, 대선 때는 보수적이고 안정적이면서도 신뢰감을 줄 수 있는 블루를 전략적으로 택하기도 했다.

전두환 전 대통령은 대통령으로 당선되기 전부터 장미라사의 단골로 아랫사람들을 잘 챙겨 자신의 옷뿐만 아니라 다른 사람의 옷도 장미라사에서 많이 한 일화가 남아 있다. 전 대통령은 비스포크의 진정한 멋과 깊이를 이해하는 분으로 옷 때문에 장미라사를 찾아도 옷 이야기가 아닌, 사람 사는 이야기를 즐겨하는 자연인이기도 했다. 역사적인 의의나 정치적인 견해와는 전혀 상관없이 '연희동 골목 성명 사건'에서 장미라사의 새 옷이 찢겨나가던 장면은 내게는 매우 안타까운 기억이다.

장미라사는 우리나라 대통령뿐 아니라 보리스 옐친 전 러시아 대통령 등 순방 온 외국 대통령이나 고위직 정치인들도 한국을 순방하면 찾기도 하는데, 네팔 왕실에서는 장미라사의 혼이 담긴 작품의 가치를 인정해 감사의 편지와 감사패를 전달한 바 있다. 이러한 이야기가 알려지면서 최근에는 외국 고위직 정치인과 기업인들로부터의 맞춤 요청이 잇따르고 있다. 다이아몬드 제2의 생산국인 보츠와나의 세레체 카마 이안 카마 대통령도 장미라사에 맞춤 옷을 주문했다.

장미라사에 영광스러운 순간도 있다. 바로 덴마크 왕족이기도 한 영국의 여왕 엘리자베스 2세의 남편인 필립 에딘버러 공이 장미라사에서 옷을 지은 때다. 물론 다른 나라의 대통령이나 왕들의 옷도 많이 만들었지만, 영국이 가지고 있는 상징성은 그야말로 어마어마하다고 할 수 있다. 영국에서도 왕실의 옷을 한 벌이라도 짓기 위해 줄을 선 맞춤 양복점이 수두룩한데 이탈리아도 아니고 지구 반바퀴를 돌아서야 만날 수 있는 한국에서 왕족이 수트를 맞춘 것이다. 물론 한두 벌에 불과하지만, 모든 테일러들의 꿈인, 영국 왕실의 옷을 지었다는 것은 맞춤 양복점으로 최고의 영광이자 영예로 여기고 있다.

///////////

이처럼 장미라사의 맞춤 옷 리스트에는 기라성 같은 남자들이 줄을 잇지만, 장미라사의 실질적인 기술 성장에 도움을 준 것은 루치아노 파바로티, 정명훈 같은 세계적인 예술가의 까다로운 입맛에 있었다.

가장 완벽한 예복으로 칭송받는 연미복, 그중에서도 예술가들이 입는 옷은 일반인보다 훨씬 까다롭고 어려운데, 성악가들은 가슴이 두꺼운 데다 발성을 할 때마다 부풀어 오르고, 지휘자들 역시 팔의 움직임이 커서 단추를 잠그지 않고 무대에 선다. 이런 동적인 움직임을 모두 감안해 사람들이 보기에 좋은 옷을 만들어야 하기 때문에 예술가들의 옷을 만드는 것은 결코 쉬운 일이 아니다.

성악가 파바로티도 한국 공연할 때는 장미라사 연미복을 입고 무대에 섰으며, 정명훈도 "연주복의 디테일 선이 너무 예쁘다"며 장미라사의 옷을 즐겨 입었다. 성숙해진 장미라사의 기술을 인정한 것이다. 최근 장미라사는 이명박 대통령 취임식이나 정명훈의 국내 첫 지휘 등 장미라사를 입고 역사의 한 장면에 섰던 옷을 복원시키는 프로젝트를 구상하고 있다.

그 외에도 수트가 가장 잘 어울리는 인물로는 박태준 고故 포스코 명예회장과 안영모 고故 동화은행장이 있다. 박태준 명예회장은 옷에 대해 전문가 이상의 지식을 갖고 있어 늘 입던 옷처럼 편안하게 보일 줄 아는, 비스포크의 멋을 가장 잘 살린 분이며, 안영모 은행장은 신사의 롤모델로 세울 수 있을 만큼 한국에서 본 신사 중 가장 신사다운 분으로 꼽는다. 자상하면서도, 우아하며, 댄디하면서도 인품이 빛나던 분으로 옷을 지으면서도 항상 의논할 줄 알고, 좋은 옷이 어떤 옷인지 항상 생각했던 분이다. 비스포크를 대하는 사람의 자세, 비스포크를 입는 사람이 지향하는 바를 가장 잘 잘 알고 있는 분이었다.

별다를 것 없어 보이는 수트지만, '남자는 수트로 말한다'고 할 정도로 세계 각국 정상들은 옷에 각별한 신경을 쓴다. 사회적 지위와 품격을 나타내는 데 있어 패션은 그 사람을 떠올리는 하나의 아이콘이 되기 때문이다. 내로라하는 세계 지도자인 그들이 영국과 이탈리아의 기라성 같은 비스포크 테일러를 제치고 한국의 장미라사를 찾는 데에는 다 이유가 있다. 장미라사는 지난 60년간 최고급 원단을 생산하는 영국과 이탈리아 등의 거래처를 통해 좋은 옷을 만든다는 입소문이 꾸준히 나 있으며, 한국인 특유의 손기술이 뛰어나 '메이드 인 코리아'를 찾는 마니아층이 생기면서 장미라사만의 비스포크 스타일을 인정받은 것이다.

사람들 중에는 옷으로 모든 것을 표현하고 싶어 하는 사람이 있다. 그러나 옷은 너무 빨리, 급하게 달리다 보면 쉽게 지치고 만다. '급히 먹는 밥이 체한다'는 것과 같은 것이다.

비스포크는 결국 인격이다. 보여주려고 해서 보여줄 수 있는 것이 아니라 자연스레 묻어나야 한다. 당대의 넘쳐나는 멋쟁이 속에서 진짜 멋쟁이가 되기 위해서는 결국 옷이 아닌 인격이 빛나야만 수트 역시 빛을 발할 수 있다.

나열하지 않은 수많은 장미라사의 남자들 중 유명 인사나 외국 수상보다 더 기분 좋게 기억하는 사람이 한 명 있다. 몇 년 전, 장미라사를 찾아왔던 20대 후반의 한 젊은 청년이다. 그는 힘들게 공부하는 동안 자기 인생의 최고의 날에는 반드시 장미라사의 수트를 입고 싶다는 꿈을 가지고 있었다며, 취직에 성공함과 동시에 장미라사를 찾아온 것이었다.

누군가 관심을 가져준다는 것, 누군가에게는 꿈의 수트가 될 수 있다는 것, 이것이야말로 장미라사가 그동안 100퍼센트 완전한 비스포크를 고집하며 한길을 헤쳐온 수고에 대한 보답이었기 때문이다. 유명 인사뿐만 아니라 이런 사람들과의 만남은 장미라사의 생명을 펌프질하는 에너지가 되어 열정을 불어넣어준다.

이름과 로고는 누가,
어떻게 만들었나

'장미라사'.

온갖 영어로 지어진 브랜드 이름 사이에서 장미라사라는 이름은 마치 오래된 도서관에서 낡은 책을 꺼내들고 읽는 느낌이다. 좋은 의미로는 고풍스럽고, 나쁜 의미로는 촌스럽다. 그러나 이 촌스러운 이름이야말로 장미라사를 글로벌 시장에서 살아남게 만들어준 일등공신이라고 생각한다. 장미라사가 트렌드를 쫓아 이름을 바꿨다면 키톤, 아르마니, 빨질레리, 꼬르넬리아니, 톰 포드, 브리오니, 제냐 등 영문으로 된 수많은 명품 브랜드에 묻혀 생존 자체를 장담하지 못했을 수도 있기 때문이다. 실제 경쟁이 치열한 지금의 시장에서 전략적인 브랜드 이름을 기반으로 하지 않으면 품질면에서 경쟁도 해보지 못하고 외면 당하는 경우가 허다하다고 하지만, 의도하지 않고 만들어진 장미라사라는 이름이야말로 어쩌면 우연이 만들어낸 최고의 상호일지도 모르겠다.

///////////

'가장 좋은 이름은 기억하기 쉬운 것이다'는, 쉽게 부정할 수 없는 이 말처럼 우연히기는 하지만, 한번 들으면 쉬이 잊히지 않는 이름으로 만들어져 60년 장미라사 역사와 온전히 같이 하고 있다.

장미라사는 삼성의 테일링 부서로 첫 스타트를 끊었기 때문에 이름이란 것 자체가 있을 수가 없었다. 1960년 전후로 서양 옷을 만드는 곳은 대부분 '라사'로 불렸는데, 양털이나 무명, 명주 등을 섞어서 짠 두꺼운 모직물을 가르키는 말인 포트투갈어 'raxa'에서 유래했다는 설도 있고, 각종 견직물을 두루 일컫는 말인 사라능단紗羅綾緞에서 차용했다는 설, 그리고 일본식으로 구라파歐羅巴를 뜻하는 '라羅'와 직물 '사絲'자가 합쳐졌다는 등의 설이 있다.

어느 설이 맞든 원단을 취급하는 곳이라는 뜻의 '라사'와 삼성그룹의 심벌인 '장미'가 합쳐져, 그저 예명처럼 불리던 '장미라사'가 브랜드 네임으로 고착된 것이다. 이병철 회장이 장미를 좋아해 제일모직 직원들의 모임은 장미회, 직원 기숙사도 장미 기숙사, 사보 이름도 〈장미〉, 손뜨개와 니트실의 브랜드 이름도 '장미505'라고 붙일 정도로 장미는 삼성그룹의 상징으로 여겨지던 때였다. 한국 최대 제조업 공장이었던 제일모직 공장 정원에도 장미가 피어 있었고, 에버랜드에서 매년 펼쳐지는 '장미축제'도 그와 맥락을 같이 한다. 이처럼 당시 삼성과 연관된 것의 이름에는 대부분 장미가 붙었다.

물론 장미라사라는 이름을 한 번도 버리지 않고 60년간 지속해서 사용한 것은 아니다. 한때 외국 문화가 물밀 듯 들어오면서 복잡하고 의미를 알 수 없는 이름을 갖다 붙이면서 고급화 전략을 내세우던 것이 인기를 끌던 시기가 있었다. 장미라사에서도 변화에 맞춰 이름을 바꿔야 하는 것 아니냐는 의견이 나오기 시작했고, 1988년 이건희 회장이 월드베스트 전략을 선언한 후 '스튜디오 라사', 그리고 제일모직에서 처음으로 만들었던 원단 골덴텍스의 이름을 딴 '골덴텍스 스튜디오'라는 영어식 이름으로 바뀐 적이 있었다. 그러나 이 이름은 일 년 남짓 사용되다 폐기되고 만다. 촌스럽더라도 유지해야 하지 않느냐, 장미라사만은 전통을 유지해야 한다는 단골들의 엄청난 저항이 있었던 것이다. 결국 장미라사라는 이름을 지킨 것은 삼성이나 장미라사에 소속된 직원이 아니라 장미라사의 가치와 전통을 사랑하는 사람들에 의해서였다.

"이름을 창조하는 일은 몇몇 내부 직원들이 부엌 식탁이나 회사 식당에 앉아 브레인스토밍으로 처리하기에는 너무나 중요한 일이다. 브랜드 네이밍은 대단히 치밀한 전략 과정이 필요하다"고 말한 브랜드 전문가 데이비드 아커 버클리대 교수의 말처럼 장미라사라는 이름이 치밀한 전략 과정을 통해 생겨난 이름은 아니다.

하지만 자연스럽게 소비자들에게 '차별성'으로 각인되며 아이덴티티를 부여하게 된 것이다. 게다가 최근 대세가 '쉽고 친절하고 재미있는' 이름이라고 하니 어찌 보면 장미라사는 시대를 앞선 성공적인 네이밍

일 수도 있겠다.

    그 후에도 이름을 바꾸고자 하는 시도가 두어 번 있기는 하였으나, 클래식과 정통을 사랑하는 비스포크 지향의 맞춤 양복점이라는 이미지와 세계에서 명함을 내밀 수 있는 독특한 이름의 필요성에 의해 여지껏 장미라사라는 이름을 고수하고 있다. '내가 그의 이름을 불러주기 전에는 / 그는 다만 / 하나의 몸짓에 지나지 않았다. / 내가 그의 이름을 불러 주었을 때 / 그는 나에게로 와서 / 꽃이 되었다'라는 김춘수 시인의 〈꽃〉처럼 이름은 기억하기 쉽고, 불러주는 사람이 있을 때에만 그 가치를 존중받을 수 있다. 장미라사는 60여 년간 쌓아온 명성에 맞춰 그에 가장 적합한 이름으로 불리고 있는 것이다. 브랜드의 정체성을 드러내는 기업 이미지인 CI(Corporate Identity, 기업 이미지 통합)도 브랜드 네이밍 만큼이나 중요하다. 압축된 디자인 속에 기업의 신념과 추구하는 비전을 담기 때문에 좋은 CI는 소비자에게 강력한 인상을 남기며 호감과 신뢰로 이어진다. 2010년 의류회사인 갭 GAP은 새로운 로고를 발표하였으나 '이전 로고가 훨씬 낫다', '사상 최악의 졸작 디자인이다'라며 소비자들이 불같이 일어나 불매운동까지 불사하겠다는 바람에 결국 열흘 만에 오리지널 로고를 사용하겠다고 발표한 해프닝이 있었다.

    장미라사의 CI는 이름과 마찬가지로 유명 디자이너가 디자인 것이 아니라 장미라사 직원들이 머리를 맞대어 함께 만들어낸 작품이다. 브랜드의 성공과 직결되는 중요한 작업을 어떻게 그렇게 할 수 있냐고 생각할 수도 있지만, 장미라사를 가장 잘 이해하는 것은 장미라사와 함께 호흡하며 보내온 '우리'라고 생각하는 평소 신념 때문이었다.

장미라사의 CI는 이름과는 달리 다양한 시도와 여러 번의 수정 끝에 탄생했다. 비스포크의 정통성과 장미라사의 장점인 원단 주문 제작을 나타내기 위해 섬유의 가장 기본이 되는 면(면나무)과 울(양), 그리고 재단의 기본 도구인 가위를 조합해 만들었다.

기원전 3000년에 등장한 이후 면은 피부 조직과 가장 유사한 섬유로 실용성이 뛰어나고 관리가 쉬워 언더웨어로는 면만한 게 없을 뿐 아니라 민감한 피부의 아이들이 착용해도 전혀 트러블이 생기지 않을 정도로 그 건강성을 인정받고 있다. 또한 면은 셔츠나 블라우스를 만드는 포플린, 청바지를 만드는 데님, 클래식한 멋을 자랑하는 코듀로이, 부드러운 광택을 자랑하는 우단(벨벳), 운동화를 만드는 캔버스 등 목화 품종에 따라 때로는 고급스럽게, 때로는 실용성을 강조한 튼튼한 직물로 변주가 가능해 남녀노소는 물론, 동서고금, 지위고하를 막론하고 우리의 일상을 장악하고 있는 섬유다. 울Wool 역시 면만큼이나 유용하고 장점이 많은 섬유다. 울 중에서 가장 고급은 양털을 깎아 만든 양모羊毛지만, 넓은 뜻에서 울은 캐시미어나 앙고라(모헤어) 같은 산양류나 알파카, 라마 등 낙타류의 털도 포함시켜 말한다(모에 습기와 열, 압력을 가해 만든 섬유가 펠트다).

사람들이 울에 대해 크게 오해하는 것 중 하나가 보온성이다. 보통 울은 보온만 된다고 생각하지만, 단열 효과도 커 여름에도 입을 수 있는 것이 울이다. 365일 무더운 두바이에 가보면 마가 아닌 울을 입고 있는데, 이것만 보아도 울의 단열 효과가 어느 정도인지 알 수 있다. 또한 울은 곱슬거리기 때문에 신축성에서는 울을 따라올 섬유가 없다. 회복이 가장 빠른 섬유가 울인 것이다. 각각 식물성 섬유와 동물성 섬유를 상징할 뿐 아니라 세상 사람들에게 가장 유용하고 가장 많이 사용되는 면을 뽑아내는 목화나무와 울의 재료인 양을 CI에 담은 것은 변하지 않는 클래식한 정신과 모양을 추구하는 회사라는 이미지를 강조하기 위함이다. 거기에 수트를 좋아하는 사람은 모두 가족이라는 의미로 중세 시대의 가문 문장과도 같은 느낌을 살려 고전적이면서도 고급스러운 느낌을 연출한 것이 장미라사가 현재 사용하고 있는 CI다.

잘 만든 이름과 CI는 브랜드를 시각적으로 연결시켜주는 고리 역
할을 한다. 비록 전문가에 의해 탄생한 이름과 CI는 아니지만, 60여년
간 소비자들의 입을 통해 불려온 장미라사의 이름과 비스포크에 대
한 철학을 담고 있는 CI는 장미라사의 연륜과 가치를 전달하는 도구
로써 고객들과 함께 호흡하고 있다.

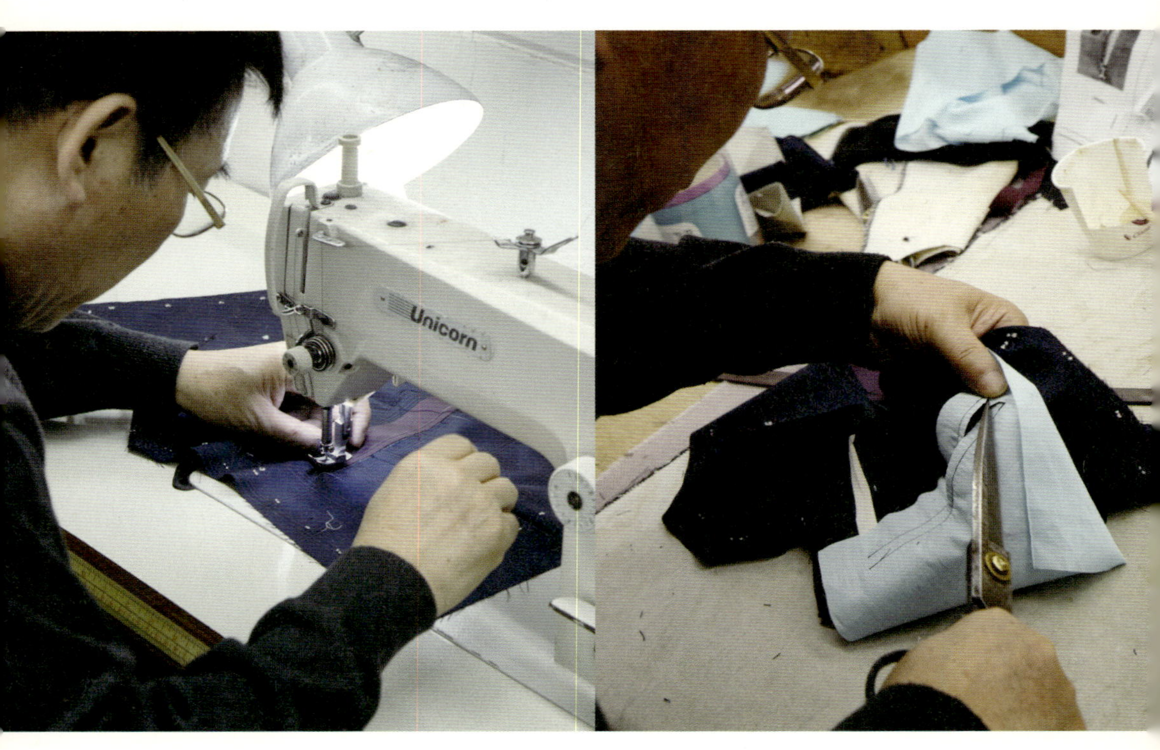

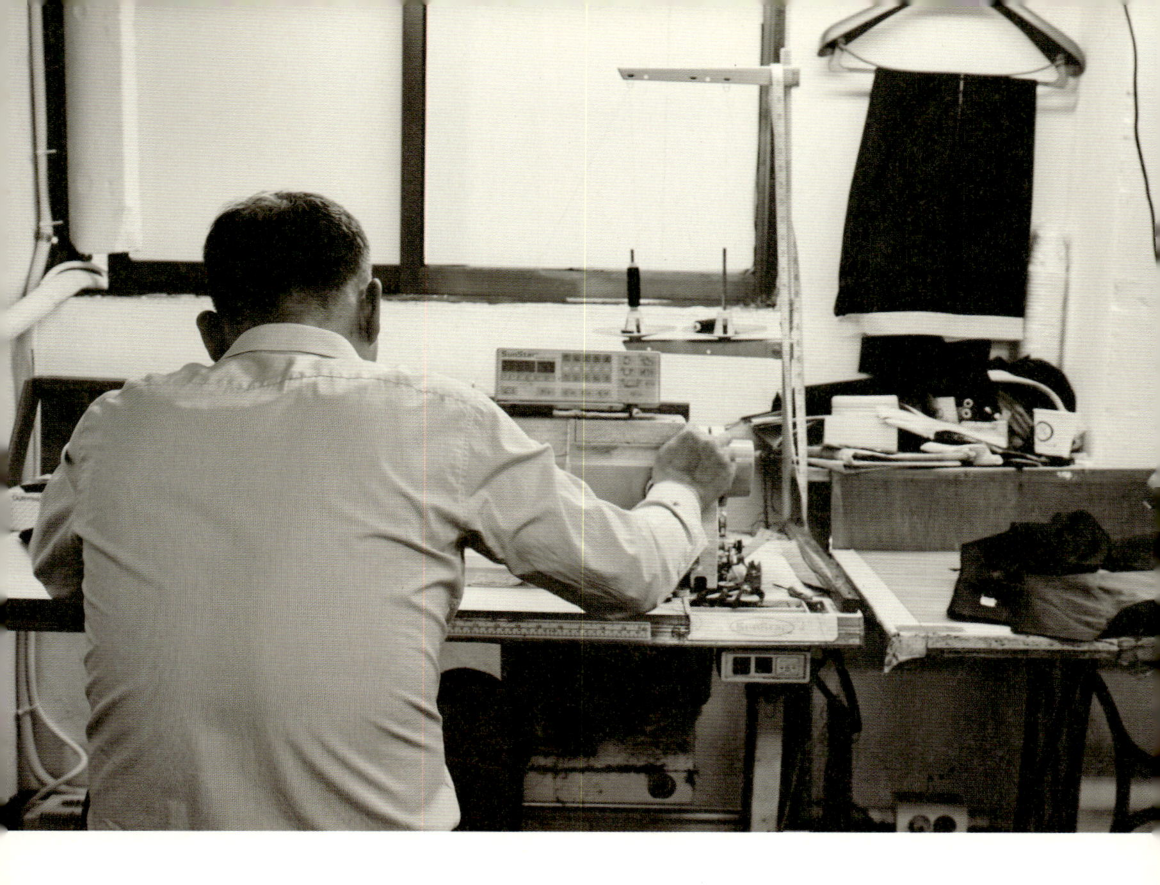

WED THU FRI SAT
4 5 6 7
9.23 甲申 9.24 乙酉 9.25 丙戌 9.26 丁亥
11 12 13 14
10.1 壬辰 10.2 癸巳 10.3 甲午
18 19 20 21
10.7 戊戌 아동학대예방의 날 10.9 庚子 10.10 辛丑
25 26 27 28
10.14 乙巳 10.15 丙午 10.16 丁未 10.17 戊申
2 3 4 5

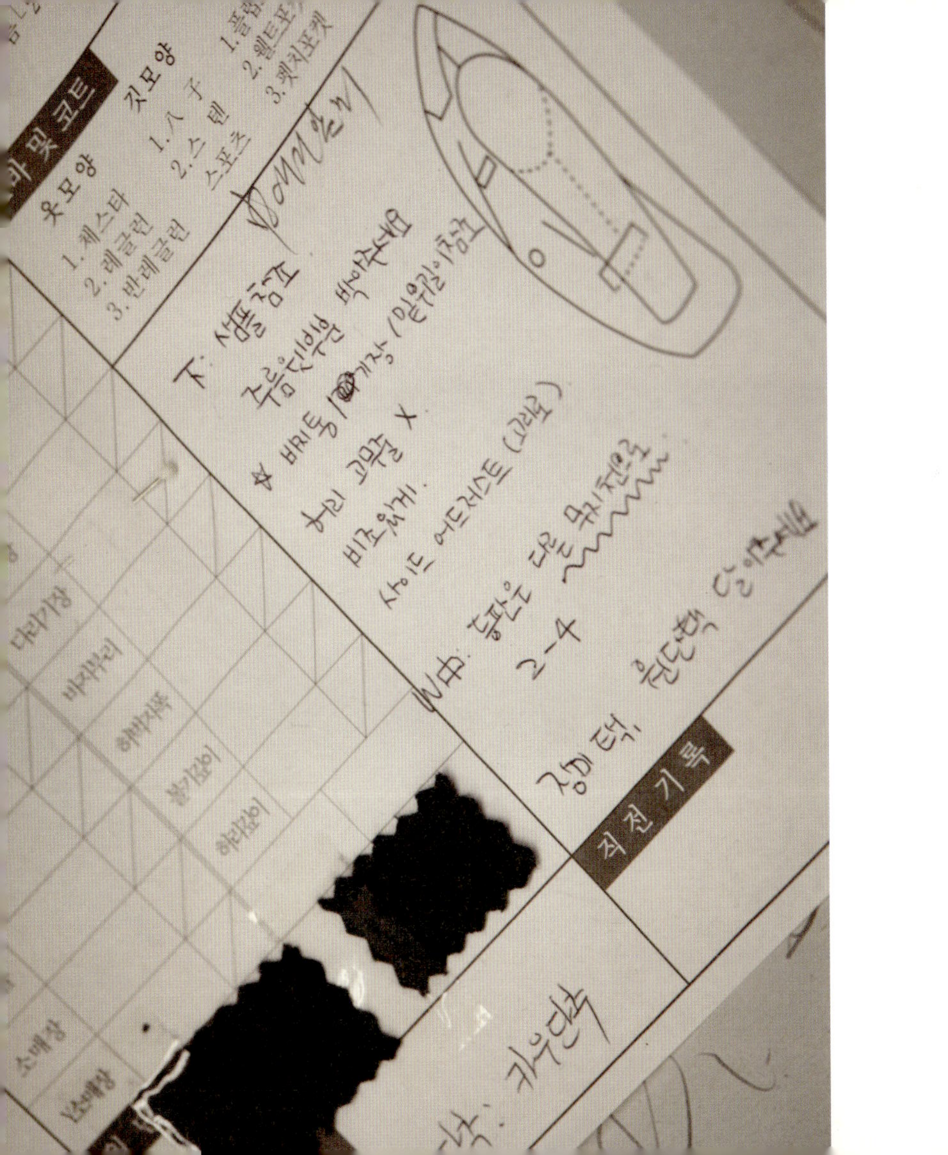

옷모양 및 코트

옷모양
1. 체스타
2. 레글런
3. 반레글런

지모양
1. 人 字
2. 스텐
스포츠

1. 플랩
2. 웰트포켓
3. 챗지포켓

下. 人뚤급교   박아준대비
걸음단에서
☆ 바티통/까장 (밑은감이정교
나의 고깔 X
비교있게.
사이드 어드래스트 (그러ㄹ)
W中. 둘맞고 다른 무거리었요
2-4
정메 택, 원단택 단으앤류대

치진기록

반만드네
2195
이창만
콘트
11/30
SP
이지은
W춘F.
215 215518
이현 이현도
上   上
12/2   12/2

장미라사
SINCE 1956

남자는
클래식을
입는다

남자는
수트를 입을 때 가장 멋지다

'옷이 날개'라는 말이 있다. 이 말이 비단 여성에게만 해당되는 말은 아니다. 남성 역시 마찬가지다. 매일 티셔츠에 청바지를 입고 후줄그레하게 다니던 사람이 어느 날 갑자기 잘 갖춰진 제복의 차림으로 나타나거나, 매번 아버지 옷을 빌려 입은 듯 몸에 맞지 않는 양복을 입던 친구가 맞춤 양복을 입고 등장하거나, 항상 위아래가 같은 수트를 입던 사람이 개성 넘치는 세퍼레이트 차림으로 출근하는 것을 보면 전혀 딴 사람을 만난 듯 새롭고 신선하다. 동네 사는 아저씨처럼 평범해 보이던 사람이 어떤 옷을 입었느냐에 따라 지적이고 심지어 고귀하게까지 느껴지는 경험은 흔하지 않게 일어난다.

옷은 사람을 바꾼다. 그중에서도 단시간에 상대에 대한 관심과 신뢰도를 높이는 데 결정적인 역할을 하는 수트는 남성의 매력을 가장 잘 표현하고, 드러내는 의상이라는 데 별다른 이의가 없을 것이다. 영화 〈007〉 시리즈의 주인공들이 증명하듯, 체형에 잘 맞는 수트는 일할 때는 물론 어떤 장면에서도 남성의 매력을 극대화시켜준다.

현대인이 입고 있는 형태의 의복이 시작된 것은 18세기 중반 영국에서 일어난 산업혁명 이후다. 기계의 등장으로 사회 경제 구조에 대변혁이 일어나고 경제 민주화가 진행되면서 장식이 많고 화려했던 귀족의 복식문화도 시민계급의 생활양식에 맞게 변화될 수밖에 없었다. 특히 지금의 수트는 빅토리아 시대인 1820년경, 상류층의 남성들이 라운지 룸에 모여 이야기를 나눌 때 입던 '라운지 수트lounge suit'가 서서히 변하여 현대의 형태가 되었다. 군더더기를 제거하고 현실적이고 활동이 자유로운 실루엣으로 자리를 잡아간 것이다.

19세기 말에서 20세기 초는 처음으로 패션 디자이너라는 직업이 등장할 정도로 복식사가 요동을 쳤던 시기다. 특히, 1차 세계대전이 일어났던 20세기 초는 수트 문화가 꽃핀 시대로 남성들의 의복은 헐

렁한 실루엣을 강조했던 과거와 달리 최대한 절제된 선을 사용하면서 인체를 고려한 실루엣으로 변하기 시작했다. 우리가 기억하는 추리 소설 속의 주인공인 괴도 뤼팽이나 셜록 홈즈의 무대가 되었던 시기를 거쳐 미국 시카고를 중심으로 갱단을 이끌던 알 카포네, 우리나라의 안중근 의사나 이준 열사 등이 활동했던 이 시기의 남성들의 복장은 같은 남자가 봐도 감탄할 수밖에 없을 정도로 남자의 참다운 멋을 구가하던 때였다.

이처럼 1차 세계대전 전후로 퍼진 실존주의(인간 존재와 인간적 현실의 의미를 그 구체적인 모습에서 다시 파악하고자 하는 사상)의 영향을 받아 출현한 수트는 여성복에도 영향을 끼쳐 당시 여성복으로서는 감히 상상도 할 수 없었던, 파격적인 라인의 샤넬룩을 등장시키며 일대 파란을 일으키게 된다. 남성들의 멋이 여성을 능가하는, 세계 패션문화사에서 경이로운 일이 벌어진 시대라고 할만하다. 수트를 여성이 입어도 얼마나 아름다운가. 전혀 매니시하지 않고 오히려 더 여성스러워 보인다. 특히 재킷의 브이존은 사람을 돋보이게 하는 라인이다. 이후 백 년 동안 남자들의 수트는 여성들의 의상이 시즌마다 과감하게 디자인을 바꾸며 트렌드를 주도해가도, 아무리 과학과 기술이 발전하고 변화해도, 작은 부분에서의 변화를 제외하고는 전통적인 형태를 그대로 유지하고 있다. 물론 그 속에서도 어깨선을 강조하거나 부드럽게 하거나 상의의 길이를 짧게 하거나 길게 하거나, 라펠이 넓거나 좁거나 하는 등 크고 작은 변화는 있어 왔지만, 그 유행이라는 것이 수트의 기본 디자인에서 크게 벗어난 적은 없다.

요즘처럼 쉴 새 없이 바쁘게 돌아가는 세상에서 수트가 비실용적이고 불편하다는 시각도 적지 않다. 우리나라에서도 답답한 일상에서의 탈출, 혹은 창의적인 일상을 위한 하루라는 개념으로 일주일에 한 번은 캐주얼복을 허용하는 회사가 늘어나고, 격식에서 탈피한, 편안하고 가벼운 '노타이no tie' 스타일을 권하기도 하지만, 지금 전 세계는 다시 수트에 열광하고 있으며, 세계 어디를 가든지 자신만의 수트 스타일로 멋을 뽐내는 사람들을 만날 수 있다.

맞춤 양복은 다른 것을 다 떠나 오로지 인체만을 생각하고 거기에 맞는 옷을 만들겠다는 고집스러운 장인정신이고, 기성복은 사람의

변동성을 최소한으로 규정해 그에 따른 실루엣과 사이즈를 매뉴얼화
해 전략적으로 접근한 기업정신이다. 효율성이 높은 기성복이나 장인
이 정신이 담긴 아날로그 방식의 비스포크냐 하는 것은 개인 선택의
문제지만, 어느 쪽이든 전통과 클래식을 지향하는 남성복은 그간의
변천사만 보더라도 디자인보다 옷을 입는 사람의 몸 자체에 집중하고
있다는 것을 뚜렷하게 알 수 있다.

옷의 영원한 테마는 남자, 그리고 여자다. 어떤 모양을 하고 있더
라도 여자는 여성스러워 보여야 하고, 남자는 남성적으로 보여야 한
다. 수트가 이백 년이 넘도록 스타일을 유지하며 전 세계로 퍼져나간
데에는 그만큼 남성 본연의 향기를 제대로 전달하는 의상이라는 확
실한 방증일 것이다.

글로벌 시대를 맞아 비즈니스의 활동 영역은 세계로 넓어졌고,
남성을 대표하는 수트의 역할은 더욱 중요하고, 커졌다. 수트는 단순
히 유니폼처럼 걸치는 옷이 아니라 세상에 자신의 존재를 당당하고
매력적으로 알리는 방식 중 하나이자 자신이 어떤 상태에 놓여 있고,
무엇을 하는 사람이며, 일을 잘 처리하고 있는지 등을 은연 중에 드러

내는 도구로써 그 존재 가치가 있는 것이다.

회사의 존폐가 걸려 있는 중요한 계약이 있는 날에 제대로 격식을 차려 수트를 입고 나타난 사람과 트렌드 혹은 개성을 빙자해 경쾌한 세퍼레이트 차림으로 나타난 사람이 있다면 과연 둘 중 누구에게 신뢰의 마음을 줄 것이며, 이 두 사람에게 옷과 첫인상에서 풍기는 선입견 없이 똑같은 점수를 매길 수 있는 사람이 세상천지 얼마나 될까. 이처럼 수트는 목적에 따라, 상대에 따라 다르게 입어야 하며, 위아래를 서로 다르게 매치시키는 세퍼레이트와는 전혀 다르다는 것을 분명하게 알고 있어야 한다.

나는 옷을 좋아하지만, 옷보다는 멋이 좋다. 진짜 멋쟁이란 옷을 통해 제대로 자기를 표현하는 사람이라고 생각한다. 어떤 사람에게 수트란 그저 회사나 특정한 날 입어야 하는 귀찮고 답답한 옷이며, 셔츠 위에 타이를 매야 하는 기계적인 옷일 수도 있다. 하지만 오랜 세월을 거치면서 수트는 남성의 권위와 신분과 지위를 나타내는 상징적인 역할을 해왔으며, 입는 사람의 품위를 표현하는 중요한 수단으로 이용되어졌다.

　그러므로 수트는 멋이라는 개념으로 접근하기 이전에 내가 어떤 사람인지를 보여주는 수단으로 적극적으로 활용할 수 있어야 하며, 만나는 대상에 따라 분위기가 달라져야 한다. 웃사람을 위해 자신의 존재감을 드러내지 말아야 할 때도 있고, 은근히 나를 강조해야 할 때도 있다. 어떤 상황이든 상대를 생각하고, 수트를 통해 내 인격을 통해 적극적으로 표현하고, 내가 어떤 사람이며, 나의 어떤 부분을 어필할 것인지를 생각해서 입어야 하는 옷이 수트인 것이다. 쉽게 말해 수트도 T.P.O.에 맞는 옷차림새가 있다는 의미다.

　수트를 멋이라고 하는 차원에서 접근하기보다 옷을 통해 나의 존재, 나의 인격을 무언 중에 내보이는 도구로 인식한다면 수트는 대부분의 사람들이 생각하듯 그저 위아래를 똑같은 원단으로 만든 비슷비슷한 옷이 아닌, 무척 섬세하면서도 까다롭고 어려운 옷이라는 것을 깨닫게 된다.

　그러나 무엇보다 중요한 것은 항상 겉보다 안, 외형보다 내실이다. 평소 입지 않던 옷을 바꿔 입으면 순간적으로 멋져 보일 수는 있겠지만, 개인이 담고 있는 깊이와 밑천은 금세 드러날 수밖에 없다. 평소 '수트는 인문학'이라고 주장하는 나의 지론은 이러한 연유에서 비롯된 것이다.

세상에는 수많은 멋쟁이들이 있지만, 겉치레가 요란하다고 해서 옷을 잘 입는 사람이라고 칭송받지는 않는다. 결국 진정한 멋이란 인품과 지식의 깊이가 깊어질수록 내면에서 우러나는 것이며, 사람에 대한 깊은 이해와 배움이 지속되어야 수트의 품위 또한 지속된다.

아무리 최고급 수트를 입어도 교만하고 안하무인인 사람 옆에는 아무도 가까이 오려고 하지 않을 뿐더러 옷이 좋아보이지도 않는다. 그러므로 곧 '수트 자체가 인격'이라는 말도 가히 넘치는 표현은 아닐 것이다. 이런 기본 조건이 충족된 후에야 수트에 대해 투자하는 시간과 돈, 관심, 고민이 빛을 발하고, 수트의 착용법과 개인에 맞는 수트의 차별화로 신뢰와 존중받을 수 있다. 아무리 좋은 옷을 입어도 그것을 표현하는 사람이 받쳐주지 못한다면 무용無用하다.

수트는 패션을 넘어
문화로 이해되어야 한다

나는 일 년에 4개월 이상은 해외에서 보낼 정도로 여행을 많이 다닌다. 좋은 옷을 만들기 위해서는 옷뿐만 아니라 그 나라의 문화까지도 섭렵해야 한다는 나름대로의 핑계를 가지고 그동안 세계 60여 개국, 안 가본 나라가 없을 정도로 많이 돌아다녔다. 지금이야 과거처럼 힘들게 자주 비행기에 오르지 않아도 되지만, 그래도 여전히 일상에서 벗어나 그들의 문화를 체험하고 익숙하지 않은 세상에 발을 들여놓는 것은 직업적 의무이자 힐링이기도 하다.

스위스의 호수마을 루가노Lugano는 아침 10시쯤 거리로 나서면 마치 패션쇼가 펼쳐지는 듯하다. 할아버지, 할머니들의 옷 입는 센스가 웬만한 젊은이들보다 훨씬 더 고급스럽고 세련되다.

터키의 이스탄불은 우리나라와 비슷한 것 같으면서도 시골스러움이라 할지 본능적이라고 할지 모를 묘한 느낌을 받는 도시다.

각 나라별로 그들의 옷 입는 문화를 관찰하다 보면 새삼 내가 정말 모르는 것이 많고 부족한 것이 많다는 것을 깨달으며 반성하기도 하고, 재미있는 것들을 많이 발견하기도 한다. 우리나라와 터키 남성들은 바지를 습관적으로 추켜올려 입지만, 일본은 우리와 반대로 습관적으로 바지를 내려 입는다. 정말 알면 알수록 재밌고, 배우면 배울수록 배울 것이 늘어나는 신기한 분야가 패션이다.

요즘은 가끔 양복을 맞추러 와서 "브리티시 스타일이 좋나요? 이탈리아 스타일이 좋나요?"라고 묻는 사람들이 있다. 하지만 이것은 라틴문화와 앵글르색슨족의 문화, 그리고 그들의 수트에 대한 이해가 전혀 없기 때문에 할 수 있는 질문이다. 수트는 문화다. 굳이 답을 알고 싶다면 그 나라에서 살아보는 것이 가장 확실한 방법이다.

　　수트가 시작된 영국 수트는 군복의 영향을 받아 어깨가 각지고 허리를 타이트하게 조여 긴장감을 느낄 수 있다. 영화 〈헌츠맨〉에서 "수트는 신사의 갑옷"이라고 할 정도로 정통 영국 수트는 남자의 몸을 죄어주는, 엄격하고 어려운 옷이다. 영국 수트를 이야기할 때는 영화 〈킹스맨〉의 배경이 된 100m 남짓한 좁다란 맞춤집 골목 새빌로Savile Row를 빼놓을 수 없다. 본래 영국 왕실의 예복과 군복을 제작하며 자연스럽게 현대 수트로까지 발전하게 된 새빌로의 맞춤 양복점들은 헌츠맨Huntsman과 헨리풀Henry Poole & Co을 양대 축으로 백 년이 넘도록 과거의 재단 방식을 고수하며 새빌로만의 스타일을 만들어내고 있다. 특히 현대 양복의 원조라 할 수 있는 헨리풀은 '왕실 조달 허가증royal warrant'을 가장 많이 받은 곳으로 로얄 패밀리와 상류층에게 많은 사랑을 받은 곳으로 이곳 새빌로의 수트 스타일이 세계로 퍼져 현대 수트의 원형이 되었다.

　　수트의 원조가 영국이라면 이탈리아는 수트의 스타일을 꽃피운 나라다. 이탈리아어로 재단사는 '사르토Sarto', 양복점은 '사르토리아Sartoria'라고 하는데, 여러 도시 국가가 독립적으로 존재했었던 이탈리아는 각 도시별로 독자적인 수트 스타일을 가지고 있는 독특한 나라다.

북쪽에 위치한 상업도시 밀라노는 국제적 도시의 특성상 영국 스타일에 미국식 실용성을 가미했으며, 부르조아 냄새가 물씬 풍기는 르네상스의 발상지 피렌체는 가볍고 유연한 곡선미가 특징이다. 수도인 로마는 다른 도시에 비해 넉넉하고 편안한 실루엣을 기본으로 불필요한 장식은 줄이고, 절도와 품격이 넘치는 분위기를 특징으로 한다. 우리가 잘 알고 있는 '브리오니'가 대표적인 로마 스타일 남성복 브랜드다. 이 중 사람들 사이에서 가장 많이 회자되는 나폴리 스타일은 이탈리아 수트 중에서도 최고의 기술을 자랑하는 아름다운 옷으로 세계인들의 사랑을 받고 있다.

세계 3대 미항 중 하나로 꼽히는 나폴리는 쾌적한 지중해성 기후로 과거 영국의 상류층들이 휴양차 자주 들르던 곳이었다. 휴가 중에도 옷을 만들고자 하는 요구가 이어지자 나폴리 현지에서 옷을 만들던 것이 지금의 나폴리 수트의 시작이다. 1871년, 이탈리아의 통일을 이룬 1대 국왕 비토리오 에마누엘레 2세는 이탈리아 최초의 사르토리아인 살바토레 모르치에로에서 옷을 주문했는데, 1차 세계대전이 일어나면서 문을 닫게 된다. 살바토레 모르치에로에서 일하던 사르토 젠나로와 빈첸초는 나폴리에서 '런던 하우스'라는 새로운 사르토리아를 오픈하게 되는데, 이들은 당시 최고의 수트였던 영국 새빌로 스타일을 연구하면서 점차 나폴리에 맞는 옷으로 바꿔 지금의 나폴리 수트를 완성시켰다. 세계적으로 유명한 체사레 아톨리니, 스테파노 파르코, 안토니오 파니코, 키톤, 이사이야 등이 모두 젠나로와 빈첸초의 후손이거나 제자인 것을 보면 이들이 세계 남성복 시장에 끼친 영향은 그야말로 어마어마하다고 할 수 있다.

손바느질의 기교를 최우선으로 하는 나폴리 수트는 어깨 패드를 사용하지 않고 둥글게 흘러내도록 하면서 몸의 곡선을 입체적으로 살려 옷의 자연스러움을 강조하면서도 움직임이 편한 것이 장점이다.

샤프하면서도 구축적인 실루엣을 추구하는 영국 수트는 균형미와 비율을 중시하며 눈에 띄지 않을 정도로 최소화한 디테일을 첨가해 균형감 있는 실루엣을 강조한 데 반해 이탈리아 수트는 어깨의 움직임이 편하도록 넓힌 진동둘레와 곡선 처리된 아랫단, 허리선이 약간

들어간 스타일로 착용감이 편하고 외형적으로 세련된 느낌을 준다.

　이처럼 같은 수트지만, 같지 않은 수트 스타일은 기본적으로 나라의 역사와 문화에 의해 탄생된다. 실제 영국은 비가 많이 오고 습한 기후지만, 산책 문화가 발달해 가볍게 옷을 적시는 정도의 가랑비 정도로는 우산도 쓰지 않고 아랑곳없이 거리를 오가는 모습을 흔히 볼 수 있다. 이런 날씨에 이탈리아 수트처럼 바지를 짧게 입어 발목을 드러내면 발목이 시려서 오랫동안 외출할 수가 없다. 따라서 영국 수트의 바지는 단이 말려 들어가면 안 되기 때문에 바지가 길고 바지의 단을 밖으로 접어 카브라를 넣는다. 그리고 영국은 일하는 자체를 멋으로 생각하는 문화로 일을 통해서 자신을 나타내고자 한다.

　영국과 달리 이탈리아는 햇빛이 좋아 광장 문화, 노는 문화, 자랑하는 문화가 발달되어 있다. 실제 이탈리아에 가면 광장 곳곳에 모여 그림처럼 대화를 나누고 있는 남성들을 볼 수 있는데 실제 그들의 대화는 별 알맹이가 없다. 하지만 여자를 향한 태도는 몸에 익숙해져 있어 그지없는 매너남처럼 비춰진다. 실제 이탈리아는 남자들은 여성들에게 차문을 열어주는 동작, 옷을 받아 걸어줄 때의 상황, 의자를 빼는 포즈, 문에 기대는 포즈 등을 연습할 만큼 보여주는 것을 좋아하고, 즐긴다. 이같은 기후와 문화는 원단 자체에도 영향을 미쳐 영국 원단은 양모가 두껍고 단단하며 내구성이 좋은 대신 나폴리 수트에 쓰이는 원단은 색감이 화려하며 드레이프가 유려하고 영국 원단에 비해 얇고 내구성이 떨어진다.

'색 수트Sack suit'라고도 불리는 미국 수트는 실용성을 살린 박스 형태의 실루엣으로 편안하면서도 유행을 잘 타지 않는다. 미국은 비스포크가 크게 발달하지 않았는데, 현존하는 가장 오래된 미국 수트 메이커 중 하나인 브룩스 브라더스는 1818년 만들어져, 창업초기에 영국의 수트를 따라하는 비스포크숍으로 시작했으나 1859년부터 기성복 수트를 소개하면서 남성 복식에 큰 변화를 일으킨다. 브룩스 브라더스는 유럽의 기성복과 다르게 사이즈를 다양한 길이로 세분화해 약간의 수선만 거치면 몸에 잘 맞는 수트를 입을 수 있도록 프로그램화해서 대단한 성공을 거두었다.

우리나라는 1950~1960년대 미국의 지원을 받은 탓에 해방 이후

부터는 미국 수트의 영향을 많이 받아왔다. 특히, 중년과 장년층은 미국 식의 박스형 수트를 좋아한다. 하지만 2000년대 후반에 들어서면서 이탈리아 스타일, 특히 나폴리 수트가 점차 인기를 끌게 되었다. 영국이나 미국은 키가 크고 어깨가 넓은 앵글로색슨계 체형을 기준으로 만들어진 데 비해 이탈리아는 유럽임에도 불구하고 영국 수트처럼 각진 어깨가 아닌 자연스럽게 어깨를 감는, 인위적이지 않은 스타일로 동양인의 체형에 잘 맞아 떨어지는 이유도 있을 것이다.

각 나라마다의 고유한 수트는 기후나 사람, 문화 등에 맞게끔 변화를 거쳐 그 나라만의 스타일을 갖게 된 것이다. 요즘엔 영국 수트도 폴 스미스, 알프레도 던힐, 헤켓 등의 디자이너들에 의해 딱딱함을 버리고 자연스럽게 바뀌어져가고 있으며, 미국 수트도 켈빈 클라인, 톰 브라운, 마크 제이콥스 등이 미국 특유의 스타일을 깨고 심플하면서도 위트 있는 스타일을 새롭게 창조하고 있다.

이탈리아 수트든 영국 수트든 좋은 옷이란 신체의 장단점을 적절하게 커버할 수 있는 옷으로, 국적이 중요한 것이 아니라 내 몸에 맞는 것에 그 의미를 두어야 한다.

세퍼레이트 룩은
자유로움을 표현한다

우리나라도 이제 수트는 비즈니스웨어로, 세퍼레이트separate(따로따로 떨어진, 분리된)는 편안한 시티웨어로 자리를 잡은 듯하다. 거리에 나서면 위아래로 잘 매치해 입은 세퍼레이트 차림의 남자들이 간혹 눈에 띄며 사람의 기분을 좋게 해준다. 과거에는 세퍼레이터를 도시에서만 입고 시골에 갈 때나 야외 활동을 할 때는 포함시키지 않았지만, 지금은 레저를 제외한 모든 생활에서 응용할 수 있는 복장으로 통용되고 있다.

위아래를 똑같은 원단으로 지은 수트와 달리, 컬러나 소재가 다른 상의와 하의를 대조적으로 매치해 조화를 이루게끔 입는 세퍼레이트는 수트와 또 다른 멋을 즐길 수 있는, 그야말로 경계선이 없는 스타일이다. 세퍼레이트는 수트처럼 완전하게 예의와 격식을 차린 복장이라고 할 수는 없지만, 그렇다고 막 입어도 되는 옷은 아니다. 잘못 입으면 우스꽝스럽고, 격식에도 어긋나므로 나를 표현하되 변화를 줄 수 있는, 한마디로 옷을 입는 즐거움을 만끽하며 예의를 갖춰야 하는 옷이다.

세퍼레이트는 기본적으로 재킷을 매치하기 때문에 자유롭지만 격식을 차린 느낌이 줄 수도 있어 잘만 활용하면 어떤 장소에나 무난하게 섞이면서도, 개성을 살린 다양한 스타일로 자신의 존재를 드러낼 수 있다.

세퍼레이트는 위아래를 다르게 입는 착장법인 만큼 기본이 되는 아이템은 재킷이다. 프랑스어로 자케트jacquette라고 하는 재킷은 14세기 후반 군인이 착용했던 자크jaque가 그 어원으로 보편적인 남성용

웃옷으로 착용되다 18세기 상류층이 긴 코트형 겉옷을 입게 되면서 잠시 노동자의 일상복으로 남게 된다. 그 후 프랑스 혁명을 계기로 재킷은 가장 일반적인 겉옷으로 사용되고 있다.

블레이저는 흔히 단체복으로 통일된 콤비 상의를 총칭하는 말로 네이비 컬러에 금 단추가 달린 것이 전통적인 스타일이지만, 최근에는 단품으로 나오는 재킷을 통칭해 부르기도 한다. 가끔 사람들이 혼동하는데, 블레이저와 수트 재킷은 형태가 비슷하다고는 하지만, 같은 용도로 사용해서는 안 된다. 수트는 한 벌이기 때문에 수트의 재킷을 다른 바지와 매치하면 색이 같아도 소재가 달라 어색하거나 실루엣이 망가진다. 반대로 블레이저 역시 수트 바지와 매치하면 어딘가 자연스럽지 못하고 폼이 나지 않기 때문에 이 둘을 같은 용도로 입어서는 안 된다.

재킷은 수트와 마찬가지로 몸에 잘 맞아야 하므로 맞춤이 좋지만, 상황이 여의치 않다면 자신의 몸에 착 감기는 옷을 찾아 발품을 많이 팔아야 한다. 재킷은 특히 다른 옷과의 조화가 중요하기 때문에 화려하거나 복잡한 라인보다는 장식이 없고 단순한 디자인이 좋다.

튀는 디자인은 재킷 하나만 보았을 때는 멋있게 보일 수도 있지만, 다른 옷과 매치했을 때 전체적으로 조화를 이루지 못하고 재킷을 입은 사람이 묻혀 버릴 수 있으므로 재킷을 고를 때 항상 염두에 두어야 할 것은 절제된 라인과 쉽게 유행을 타지 않는 디자인이다. 보통 재킷의 길이는 80cm 전후인데, 초보자에게는 재킷의 길이가 힙 중간까지 오는 것이 좋다. 그보다 짧으면 여성복처럼 보이고, 길면 다리가 짧아 보인다.

세퍼레이트는 상황에 따라 캐주얼하게도, 클래식하게도 연출할 수 있다. 옷에 대한 자신이 없다면 클래식 세퍼레이트의 첫 시작은 기본 중의 기본인 네이비 블레이저가 단정하고 깔끔해서 좋다. 네이비 블레이저와 그레이 팬츠를 매치하고 행커치프로 포인트를 주면 어떤 자리에서도 결코 실패할 염려가 없이 깔끔하고 산뜻한 인상을 줄 수 있다. 초보자가 세퍼레이트에 실패하지 않기 위해서는 위아래를 같은 소재로 맞추고, 컬러에 신경을 쓰면 되는데, 톤온톤의 같은 계열로 입으면 고급스러워 보이고, 컬러를 언밸런스로 매치하면 활발해 보인다. 같은 계열도 아니고, 언밸런스도 아닌 어중간한 색상은 초보자들이 소화하기 어렵다. 예를 들어 그레이나 베이지 계열의 바지 위에 네이비 재킷은 아주 잘 어울리지만, 그린 바지에도 네이비는 어울린다. 브라운 재킷에 카키색 바지는 잘 어울리지만, 잘못 입으면 정말 안 어울리는 컬러 조합이기도 하다. 라이트 블루 재킷인 경우 바지는 밀가루를 풀어놓은 것 같은 화이트가 아니라, 옅은 아이보리색 바지를 매치해야 고급스럽고 세련되어 보인다. 이런 미묘한 색상의 차이는 결국 경험으로 찾아낼 수밖에 없다. 셔츠나 니트도 마찬가지다. 세퍼레이트의 경우 셔츠는 수트보다 좀 더 과감하게 선택해도 되지만, 초보자라면 단순하게 매치하는 것이 좋다. 재킷이 솔리드라면 안은 패턴이 있어도 되지만, 재킷이 스트라이프나 체크 등 프린트가 있다면 셔츠나 니트는 솔리드로 하는 것이 안전하다. 물론 재킷도 체크, 셔츠도 체크로 입을 수는 있지만, 이것도 충분한 연습이 있어야 소화 가능한 조합이다. 요즘은 바지로도 변화를 많이 주는데, 캐주얼한 느낌을 원한다면 솔리드 재킷에 밝은 톤의 면바지를 매치하면 활동적인 분위기를 연출할 수 있다. 그 외 코듀로이, 심지어 데님과도 멋을 낼 수 있는 것이 세퍼레이트의 장점이다. 세퍼레이트를 입을 때 특히 중요한 것은 신발인데, 수트를 입을 때보다 더 신경을 써야 한다.

세퍼레이트에서는 재킷만 잘 고른다면 굳이 다른 액세서리에 신경 쓸 필요가 없다. 타이를 안 해도 되지만, 타이를 매더라도 니트나 울처럼 전체적인 의상에 맞게끔 선택해 매듭의 형태를 조이거나 느슨하게 하는 등 스타일의 묘미를 살리는 재미를 찾는 것이 더 중요하다.

사실 멋으로 본다면 옷이 문제가 아니라 사람이 문제다. 어떤 옷을 어떻게 입든지 사람이 문제지, 옷이 문제인 경우는 없다. 몸매도 문제가 되지 않는다. 세퍼레이트에 블랙 정장 구두를 매치해도 소화해내는 사람이 있는 것처럼 말이다. 물에 기름이 뜨듯 옷이 겉돌지 않기 위해서는 다른 전문적인 일처럼 옷도 입는 훈련이 절대적으로 필요하다. 세퍼레이트 코디는 개인이 조금만 신경 써서 연출하면 지중해의 반짝이는 빛을 받아 반짝이듯 화려한 멋과 개성을 살릴 수 있으므로 조금씩이라도 그 즐거움을 발견한다면 삶의 커다란 활력이 될 것이다.

원단의 깊이가
수트의 멋을 결정한다

여성복은 디테일의 변주를 다양하게 살릴 수 있다. 와이드하거나 슬림하거나, 길거나 짧거나(또 때로는 미디가 될 수도 있다), 로맨틱하거나 매니시하거나, 앤티크하거나 모던하거나, 무채색이거나 컬러풀하거나, 상상에 한계를 두지 않고 얼마든지 자유롭게 전 시즌과 다른 분위기를 시도할 수 있다. 이에 반해 남자의 수트는 변화의 여지가 크지 않다. 실루엣도, 디테일도, 컬러도 여성복에 비해 그 3분의 1도 변화를 주기 어렵다. 그렇기 때문에 수트는 0.5cm의 길이 변화에도 미묘하게 차이를 느낄 수밖에 없으며, 부분적인 디테일에 집착할 수밖에 없는 무척 까다롭고 어려운 복장이다.

본래 남자의 수트는 단순함이 미덕이다. 이 때문에 남자의 수트에서 가장 중요한 것은 바로 원단이다. 어떤 남자가 특별히 유행인 디자인도 아닌데 어딘지 모르게 신사의 기품이 흐른다면 그것은 아마도 원단이 주는 힘일 가능성이 크다. 좋은 원단으로 지은 수트는 오래되어도 그 멋이 결코 사라지지 않는 법이다. 요리의 맛은 재료가 절반을 차지한다고 하지만, 수트의 성공은 원단이 그 절반 이상을 차지한다고 해도 과언이 아닐 것이다.

원단은 입었을 때의 착용감도 중요하지만, 그보다 더 중요한 것은 실루엣이다. 원단은 양복의 전체적인 분위기를 좌우하는 커다란 요인으로 조르지오 아르마니의 수트에서 그 중요성을 확인할 수 있다.

20세기 후반 '80년대의 샤넬'이라 불리며 조용한 혁명을 일으킨 조르지오 아르마니는 현대 남성복 디자이너에게 지대한 영향을 끼친 인물로 평가받는다. 기존의 수트와 달리 재킷의 빳빳한 안감과 심지, 불필요한 디테일을 모두 제거하고 여자 옷도 아닌, 남자 옷도 아닌 중성적인 럭셔리함을 만들어낸 아르마니는 그동안 권력과 지위의 상징으로 여겨졌던 영국의 각진 수트를 자신감과 관능성의 상징으로 재

규정하며 클래식 수트에 대한 상식을 완전히 깨버렸다. 게다가 수트의 기본적인 조합인 셔츠와 넥타이라는 이너웨어를 심플한 티셔츠로 과감하게 바꿔버림으로써 기존의 수트와는 전혀 다른, 우아하면서도 고급스럽고, 지적이면서도 평화주의자처럼 보이는 수트를 만들어냈다.

이렇게 물처럼 흐르는 듯, 유연한 아르마니의 수트를 완성할 수 있었던 것은 다름 아닌 원단 덕분이다. 만약 기존의 원단을 고집했다면 결코 아르마니다운 수트는 세상의 시선을 이끌지 못했을 것이다. 반대로 하드한 원단을 사용하지 않는다면 마크 제이콥스 특유의 라인을 살려낼 수 없는 것처럼 말이다.

과거의 유산으로 별 볼일 없을 것 같은 섬유지만, 섬유 산업은 여전히 성장 잠재력이 있으며, 미래의 고부가가치로 인정받고 있다. 사람이 존재하는 한, 사람이 입어야 하는 옷의 재료인 원단도 계속해서 성장, 발전해나갈 것이기 때문이다. 원단은 그냥 만들어지는 것이 아니라 기획을 하고, 방향을 정한 뒤 개발한다. 따라서 디자이너들은 원단에 상당한 심혈을 기울이며, 원단 제조 기술자들과 함께 새로운 원단을 만들어내기 위해 고민한다. 아르마니 역시 자신이 원하는 원단의 느낌을 이야기하며 기술자들과 여러 번의 시행착오를 거쳐 소재를 개발했을 것이다. 수트를 고를 때 가장 면밀하게 살펴보아야 하는 것은 소재이며, 입고자 하는 목적에 따라 원하는 실루엣에 따라 원단을 결정해야 한다. 그러나 섬유회사 직원이 아닌 다음에야 이처럼 원단의 장단점을 세세하게 알기 어렵다.

장미라사가 국내에서 독보적인 위치에 설 수 있었던 것도 제일모직의 원단을 테스트하는 부서로 시작해 원단의 가공 과정을 숙지했기 때문이다. 영국이나 이탈리아 쪽에서는 비스포크 테일러숍에서 원단을 다루는 곳이 많지만, 아시아에서는 엄두도 못 내고 있으므로 국내는 말할 것도 없다. 나는 하루가 멀다 하고 공장에 가서 원단이 어떻게 만들어지는지, 염색은 어떻게 되는지 그 과정을 지켜보며 공부한 섬유에 대한 지식은 결국 좋은 수트를 만들기 위한 기본 자산으로 남게 되었다. 내가 지금도 이탈리아나 영국행 비행기에 자주 몸을 싣는 이유는 기술자들과 상의해 원단을 주문하기 위해서다. 원단을 주문 생산하기 위해서는 약 6개월에서 일 년 전부터 미리 소재와 디자인 등이 결정되어야 하기 때문에 항상 트렌드에 대한 면밀한 관찰과 공부를 할 수밖에 없다.

최근 남성복의 구조는 점차 가벼워지고 있다. 니트 재킷처럼 유연하고 가벼운 소재가 인기를 끌고 있다. 격식을 차리는 수트의 형태는 유지하되 점점 더 무겁지 않게, 편안한 스타일을 선호하는 것이다. 장미라사는 '섬유의 보석'이라 불리는 캐시미어 재킷을 전 세계적으로 가장 많이 판 곳으로 유명하다. 이는 유럽에서도 인정하는 기록이다. 캐시미어는 인도와 파키스탄 사이에 국제 분쟁 지역인 카슈미르 지역의 캐시미어 산양의 털을 이용해 만든 섬유로, 과거 캐시미론 담요, 파시미나 숄(캐시미어숄) 등으로 불리며 인기를 끌었던 소재이기도 하다. 이 캐시미어 산양을 직접 보겠다고 캬슈미르를 방문한 적이 있지만, 쏟아지는 총탄에 포기하고 결국 인도에서도 한참 먼 몽고에서 캐시미어 산양을 보았던 적이 있다. 캐시미어는 그 자체가 패션일 정도인 고급 원단으로 수요가 공급을 따라가지 못할 정도로 그 양이 적지만, 캐시미어는 재킷(블레이저)으로 활용하기 좋다. 소재가 두껍지 않아 슬림한 라인을 만들어주기 때문에 고급스러우면서도 샤프한 분위기를 연출할 수 있다. 흔히 캐시미어를 겨울용 소재로 생각하지만, 몸에 붙지 않으면서도 시원한 여름용 캐시미어도 만들어지고 있다. 캐시미어 니트 중 100퍼센트 캐시미어보다 캐시미어와 실크가 섞인 소재를 한 단계가 낮게 취급하는 경향이 있는데, 이는 잘못된 상식으로 100퍼센트 캐시미어보다는 실크가 섞인 캐시미가 더 고급이다. 캐시미어는 얇고 부드러울수록 비싼데, 그만큼 가공이 어렵기 때문이다.

　고급 원단이 좋은 수트를 만드는 것은 맞지만, 꼭 원단을 가격으로 따져서 볼 필요는 없다. 최근 장미라사에서는 백 년 된 전통방식의 저속 직기로 짠 원단을 사용해 수트를 만든다. 기술의 발달로 인해 한 구석으로 밀려나 있던 저속 직기를 다시금 꺼내든 이유는 그 기계가 만들어내는 원단 특유의 멋이 있기 때문이다. 사람 손으로 일일이 만들어 비할 데 없이 촘촘하고 딱딱한 밀도를 자랑하는 저속 직기는 현대식 직기에 비해 원단 제조 기간이 훨씬 오래 걸리긴 하지만, 이 원단으로 만든 재킷은 이삼십 년이 지나도 형태가 틀어지지 않는다. 영화 〈킹스맨〉에 뚝 떨어지는 갑옷 같은 실루엣의 수트가 바로 저속 직기 원단을 사용한 것으로 강인하고 단단한 남성적인 매력을 물씬 풍긴다.

밖으로 드러나는 원단 외에 수트의 안감도 중요한데, 몸의 열을 밖으로 내보내거나 보온하고 공기의 흐름이 일어나야 하므로 폴리에스테르 같은 화학 섬유를 쓴 것은 좋은 수트라고 할 수 없다. 장미라사에서는 비스코스나 큐프라 같은 100퍼센트 식물성 섬유만을 사용한다. '안감까지'라고 생각할 수도 있지만, 안감은 바깥 소재의 실루엣에도 영향을 미칠 뿐 아니라 입고 활동하다 보면 확실한 차이를 느낄 수 있다.

장미라사에는 안감 원단만 약 60여 종류가 있는데, 안감을 고르는 재미도 상당하다. 재킷의 안감은 보통 톤앤톤으로 많이 하지만, 가끔 보색을 사용하기도 한다. 걷다 보면 살짝 살짝 비치거나 재킷을 벗어서 걸어둘 때 개인의 개성을 드러내는 역할을 하기 때문이다.

과한 치장은 남에게 보이려고 애쓴 듯 애처러워보인다. 그러나 무덤덤하지만, 형태가 흐트러지지 않는 고급 소재의 심플한 수트는 남자의 몸을 부드럽게 감싸며 멋스러우면서도 부담스럽지 않다. '심플함이

미덕'이라는 변하지 않는 진리가 가장 완벽하게 맞아떨어지는 부분이 기도 하다.

신사복에 사용되는 소재는 정통 원단인 모직부터 코튼, 코듀로이, 벨벳, 플란넬, 트위드, 혹은 혼방 등 그 종류가 다양하고, 거기에 수트의 분위기를 달리하는 무늬까지 얹혀진다면 그 수는 생각할 수 없을 만큼 방대해진다.

그만큼 좋은 소재와 그에 어울리는 디자인을 한두 마디 말이나 글로 체득할 수는 없다. 꾸준히 옷을 눈으로 보고 입어보면서 공부할 수밖에 없다. 그러나 시행착오를 줄일 수 있는 방법이 있다. 그것이 바로 비스포크다.

생애 첫 수트만큼은
비스포크여야 한다

여성복이 매 시즌 인위적으로 디자인을 변화시키며 사람들의 시선을 사로잡는다면 전통과 클래식을 중요시 여기는 남성복은 디자인보다는 사람의 몸 그 자체에 집중한다. 세상에는 사람 얼굴만큼이나 다양한 몸이 있고, 신체는 저마다 살아온 인생의 과정에 따라 고유한 특성을 지니게 된다. 그러므로 기성복이든 맞춤복이든 중요한 것은 자신의 체형의 장점과 단점을 보완해줄 수 있는 수트를 고르는 것이다. 특히 수트는 비스포크 만한 것이 없지만, 가격적인 부담 때문에 비스포크만을 고집할 수는 없다. 그러나 첫 수트만큼은 비스포크여야 하는 이유는 분명 있다.

옷을 잘 입기 위한 가장 시작은 바로 자신의 체형을 정확하게 파악하는 것이다. 사람의 몸은 생활습관이나 패턴에 따라 제각각이다. 책상에 오래 앉아 있는 사람은 어깨가 앞으로 굽거나 허리가 휘어져 있을 수 있고, 무거운 물건을 많이 드는 사람은 한쪽 어깨가 처져 대칭이 맞지 않을 수도 있고, 양쪽 다리의 길이가 서로 다를 수도 있다. 키도 평균 이상이거나 작을 수도 있고, 얼굴 모양이나 크기에 따라서도 수트를 만드는 작업은 미묘하게 달라진다.

특별히 신체적으로 특징이 없는 사람이나 매일 거울을 통해 보는 모습에 익숙해진 사람이라도 실제 몸 사이즈를 측정하다 보면 자신이 미처 알지 못했던 신체의 단점을 발견하게 되거나 반대로 자신이 가지고 있는 특별한 장점을 알게 되기도 한다.

이러한 과정을 통해 장점은 드러내고, 단점은 가리는 수트에 대한 특성에 대해 이해한다면 추후 어떤 옷을 고를지에 기준을 삼을 수 있는 유용한 정보가 될 것이다. 가령 키가 작다면 바지는 슬림하게 입되 접은 단이 없어야 하며, 재킷의 길이는 조금 짧게 하고 브이존을 깊게 하고, 피크트 라펠로 시선을 위로 끌어올리면 좀 더 당당하게 보인다거나 체형이 마른 경우는 더블 브레스티드 수트, 게다가 베스트까지 갖춰진 스리피스 수트를 입는 것이 체형의 단점을 보완해줄 수 있는 방법이며, 뚱뚱한 체형은 재킷의 브이존을 깊게 하되 라펠은 슬림하고 단순하게 하고 어깨에 비해 허리선이 들어간 디자인이 좀 더 샤프하게 보이는 방법이라는 것 등을 비스포크를 만들어가는 과정을 통해 배우게 되는 것이다.

사실 재단사가 내 몸을 더듬는 것은 오랜 시간이 지나도 그렇게 썩 내키는 일은 아니다. 마치 벌거벗은 채 모든 치부를 낱낱이 드러내는 것 같은 불편함이 있다. 하지만 이는 나를 비판하기 위해 뜯어보는 관찰자가 아니라 더 나은 옷을 만들기 위해 함께 연구하는 사람, 동행자로 여기는 것이 옳다. 그러므로 가능한 한 솔직하고 담백하게, 자신의 체형과 취향에 대해 대화를 나누며 콤플렉스를 어떻게 커버할지에 대해 함께 방법을 찾아가는 과정을 즐기는 것이다. 동시에 자신이 어떻게 보이고 싶은지에 대한 이야기를 솔직하게 할 필요가 있다. 동화 속의 왕자님처럼 허무맹랑한 이야기일지라도 일단은 속마음을 꺼내는 것이 중요하다.

키가 커 보이고 싶은지, 슬림해 보이길 원하는지, 섹시해지길 바라는지, 아니면 젊게 보이고 싶은지, 지적으로 보이길 원하는지 등 머릿속에 그리고 있는 이미지를 꺼내 놓아야만 테일러도 그 이야기를 듣고 자신의 의견이나 다른 대안을 제시할 수 있다. 이처럼 최종 목표를 정해두고 목둘레, 가슴둘레, 손목둘레 등 자신의 실제 사이즈를 파악하면서 평면적인 소재가 입체적으로 변화해가는 과정을 지켜보다 보면 자신의 몸에 대한 이해와 수트의 세계에 대해 좀 더 다각적인 시각을 가지게 될 것이다.

처음부터 잘하는 사람은 없으며, 노력 없이 전문가가 되는 사람은 없다. 지식이 부족한 상태에서 잘 맞는 수트를 고르는 가장 효과적인 방법은 테일러와 상의하며 자신이 원하는 방향을 찾아가는 것이다. 모르는 것을 부끄러워할 필요도 없다. 레스토랑에서 와인을 마실 때 와인에 대해 잘 모르거나 확신이 없다면 소믈리에에게 추천을 받는 것이 가장 정확하고 빠른 방법인 것처럼 양복 역시 마찬가지다. 그러므로 모르는 것, 궁금한 것은 물어보면서, 납득하면서 수트에 대한 기본적인 지식을 하나하나 배워나가는 것이다.

이처럼 수트에 대한 기본적인 지식과 수트에서 지켜내야 하는 중요한 원칙이 무엇인지 알게 된다면 어떤 옷이 자신에게 어울리는지, 자신의 체형에 맞는 기성복 브랜드를 찾는 작업조차 순조롭게 진행될 것이다. 만약 맞춤 양복을 시도하기 부담스럽다면 재킷이나 좀 더 가벼운 맞춤 셔츠를 만들어보는 것도 좋은 대안이 될 수 있다.

많은 테일러숍 중에서 내게 맞는 옷을 만들어주는 맞춤 양복점을 발견했다는 것, 내가 원하는 바를 족집게처럼 집어내 원하는 바를 들어주는 최고의 장인을 만난다는 것은 영혼의 동지를 만난 것처럼 기쁘고 축복받은 일이다. 명품이나 고가의 브랜드라고 해서 모두 다 내 몸에 딱 맞는 옷만 있는 것은 아닌 것처럼 맞춤복이라고 다 같지는 않다. 실력도, 가격도, 조건도 모두 다르다. 그러므로 일단은 양복, 비스포크에 대해 지속적으로 관심을 가지고 옷에 대해 어느 정도 객관적인 시각을 가진 상태에서 여러 곳에서 상담을 받아본 뒤 자신과 잘 맞는 집을 찾아야 한다. 어디어디가 잘하더라 하는 소문보다는 자신의 경험과 촉을 더 믿어야 할 때도 있는 것이다.

단, 비스포크가 장인의 손길을 거쳐 만들어지는 것임을 감안한다면 그에 합당한 가치는 인정해야 한다. 만약 그 가치를 인정할 수 없다면 미켈란젤로가 만든 다비드 상은 재료인 청동 값만, 고흐의 작품 역시 캔버스와 물감 값만 계산하면 된다는 식의 논리와 다를 바가 없다. 비스포크는 뭐라고 해도 장인이 만든 작품이며, 옷 이상의 가치를 품고 있기 때문이다.

비스포크의 특징을 이해하지 못하면 처음 양복을 맞추러 오는 사람 중에는 더러 실망하는 경우도 있다. 수트를 몸에 그린 듯, 딱 맞아떨어지게 만들어주길 원하거나 자신이 원하는 것은 마법처럼 모두 이뤄질 것이라고 착각하고 오는 사람들이 있기 때문이다.

예를 들어 조금의 주름도 허용하지 않는다거나(실제 1mm의 비틀어짐도 용납하지 않는 사람이 있다) 어깨선이 딱 맞아 떨어지기를 고집하거나 허벅지에 딱 맞는 바지를 입고 싶어하는 것이다. 그러나 실제 그렇게 옷을 만들면 움직일 때 불편해서 입을 수가 없다. 사람은 고정되어 있는 마네킹이 아니라 움직이기 때문에 절대 그렇게 만들 수도 없으며, 그렇게 만들어서도 안 된다.

단적으로 허기졌을 때의 배와 밥을 먹고 난 후 포만감이 들 때의 허리둘레 사이즈는 당연히 다르다. 앉았다 일어났다 하면서도 사람의 몸 사이즈는 변한다. 섬유 또한 딱딱한 고체가 아니다. 건조한 날은 보송보송하지만, 습한 날이나 땀을 많이 흘린 날, 더운 날은 옷 자체가 늘어질 수도 있다. 그러므로 비스포크는 실제 치수를 사용하는 것이 아니라 가상 치수를 사용해 자신을 커버하는 치수를, 때로는 드러내는 치수를 사용해야 한다. 하지만 사고가 딱딱하게 굳은 사람은 이런 부분에 대해 인정하려고 들지 않는다. 보기에 예쁜 옷이 입었을 때도 예쁜 옷은 결코 아니며, 전체적인 신체의 전체적인 균형을 고려해 어깨를 약간 좁게 한다든지, 바지 길이를 미묘하게 조정하는 등의 기술이야말로 비스포크가 가지고 있는 매력이자 최대의 장점이다.

이백 년이라는 긴 세월 동안 비슷한 디자인을 유지하며 지금껏 내려오다 보니 수트는 여러 가지 원칙과 의미를 담고 있고, 비스포크 역시 과정과 결과에 대해 꼼꼼하게 따지지만, 가장 중요한 것은 입었을 때 편안한 착용감을 우선으로 한다는 사실을 기억하도록 한다.

또 처음 맞춤 양복을 하는 사람은 이것저것 과도한 요구를 하기 쉽다. 자신이 라펠, 트임, 포켓, 브이존 등 세세한 디테일과 디자인을 정할 수 있다는 즐거움에 전문가의 의견에 귀를 기울이기보다 자신의 욕심만을 앞세우는 경우가 있다. 하지만 이처럼 한쪽으로 치우쳐 매몰되다 보면 자칫 자신의 머릿속에 있던 수트 이미지는 온 데 간 데 없이 이상한 모양의 옷이 나타나고, 엉뚱하게 재단사나 비스포크로 실망의 화살을 돌리게 될지도 모른다. 수트는 절제할 때 더욱 아름다운 법이라는 것을 결코 잊어서는 안 된다.

수트는 쉽지 않은 옷이다. 그렇기 때문에 첫 단추를 잘 꿰어야 한다. 첫 수트를 비스포크로 진행하면서 수트에 대한 전반적인 이해와 수트만의 원칙을 배우고 난 후 기성복에서 양복을 고른다면 훨씬 더 자신에게 잘 어울리는 옷을 찾을 수 있을 것이다. 처음 수학(혹은 영어라도 좋다)을 배울 때 좋은 선생님을 만나야 수학에 대한 흥미를 잃지 않고 수학에 대한 접근 방식과 문제를 푸는 재미, 문제를 풀고 난 후의 성취감을 제대로 배울 수 있는 것처럼 양복 역시 어떤 비스포크 테일러를 만나느냐에 따라 수트에 대한 시선을 완전히 달라질 수 있기 때문이다.

쇼핑한다는 건,
일종의 종합예술과 같다

나는 쇼핑을 즐기는 쇼퍼shopper이기도 하다. 어릴 때부터 옷에 관심이 많았고 직업으로 옷 장사를 선택하고 사십여 년이 흐른 후 스스로 '국내 최고의 쇼퍼'라고 자부한다. 나는 쇼핑을 상상 이상으로 많이 한다. 물론 직업상 보고 사고 할 일이 많기는 하지만, 단순히 직업 때문에 쇼핑을 자주 하는 것은 아니다. 쇼핑 자체가 즐겁기 때문이다. 견물생심見物生心이라고 직업상 물건을 많이 보다 보니 자연스레 물건을 사게 되고, 굳이 내 것이 필요하지 않아도 예쁜 물건만 보면 탐심貪心이 꿈틀거린다. 그렇게 사서 모은 안경만 70개가 넘고, 일 년에 20켤레씩 구두를 사다 보니 웬만한 구두 가게에는 내 발 본이 구비되어 있을 정도로 자타가 공인하는 쇼핑마니아다.

장미라사 입구에서 만날 수 있는 국내 한두 피스밖에 없는 수제 넥타이나 매장에 디스플레이되어 있는 소품도 모두 내가 발품을 팔아 하나 둘 모은 것이다.

내가 거리에 나서면 어떤 브랜드의 옷인지, 어디서 산 가방인지 내가 가지고 있는 소품이나 옷에 대해 궁금해 하며 말을 걸어오는 사람들을 종종 경험하곤 한다. 아무래도 우리나라보다는 주로 외국에서의 일이기는 하다. 어느 브랜드의 스카프가 예쁜지, 어디에 독특한 구두 디자인이 많은지, 브랜드별로 옷의 세세한 특징들을 꿰고 있는 것은 기본이고, 각 나라별로 세일 시간과 어딜 가야 좋은 옷을 좋은 가격에 살 수 있는지, 가볼만한 편집 매장은 어디 있는지 구석구석 알고 있다 보니 쇼핑에 관련한 책을 내자는 제의도 종종 들어올 만큼 쇼핑에 관해서는 둘째 가라면 서러울 정도다. 하지만 이렇게 물건을 많이 보고 많이 사도 실패하는 것이 쇼핑이다. 그만큼 내게 어울리는 것과 어울리지 않는 것을 구분하기 위해서는 브랜드와 무관하게 여러 번의 실패를 겪어봐야 알 수 있는 것이다.

쇼핑은 일종의 종합예술이다. 옷 한 벌을 사려고 해도 얼마나 많은 것이 고려되어야 하는지 생각해보면 알 수 있다. 사려고 하는 옷이 내게 어울리는지, 지금 내 옷장 속에 있는 옷과 매치가 되는지, 트렌드에 뒤처지지 않는 옷인지, 너무 유행에 민감한 옷은 아닌지, 어떤 용도로 입을 것인지, 내 지갑 형편에서 지나치게 벗어나지 않는지 고려한다. 이처럼 디자인, 컬러, 소장하고 있는 옷과의 조화, 경제적 여건 등 여러 가지 문제를 동시에 한꺼번에 함께 고민하고 해결해야 하는 예술 행위인 것이다.

마트에 가서 식자재를 사면서 옷을 사는 만큼 고민하는 사람은 없다. 그러나 백화점에서 마트처럼 쇼핑하면 십중팔구는 실패하고 만다. 여유롭게 돌아보는 것 같지만, 쇼핑이라는 행위 속에는 엄청난 에너지와 집중력이 필요한 고도의 작업인 것이다. 친구와 함께 쇼핑을 해본 사람은 알 것이다. 물건을 먼저 산 사람은 나중에 다른 사람이 의견을 물어도 제대로 대답하지 못한다. 피곤하기 때문이다. 그렇게 길지 않은 시간이었는데도 쇼핑을 하고 나서 피곤함을 느끼는 것은 그만큼 체력 소모가 크고 에너지가 고갈될 만큼 치열하다는 의미다.

〈성공하는 남자의 옷차림〉의 저자 존 T. 몰로이는 '수트 한 벌을 구입할 시간이 15분밖에 없다면 그날은 수트를 사지 마라'라는 구절이 나온다. 헛돈을 쓰기 위해서 일부러 용을 쓸 것이 아니라면 진지하고 신중하게 쇼핑을 해야 한다는 의미다.

남자들 중 쇼핑을 질색하는 사람들이 많다. 아무 매장이나 들어가 옷걸이에 걸린 수트를 보고 대충 한 가지를 골라 입어본 다음 길이를 맞추고 나오거나 심지어는 가족이 옷을 사다 주는 경우도 있다. 그러나 옷은, 특히 수트만큼은 자기 자신이 골라야 한다. 사람들은 쇼핑을 단순히 빨리 해치워야 하는 일이라고 생각하지만, 개인이 지닌 소품 등을 포함한 옷차림이 자신의 라이프스타일, 더 넓게는 개인의 역사를 드러내는 것이라고 생각한다면 그저 무심하게 지나칠 일은 아니다. 그러므로 여유가 있을 때마다 일 말고 쇼핑에도 충분히 시간을 할애하는 것이 좋다.

쇼핑은 아는 만큼 할 수 있다. 오랜 경험상 대부분의 사람들이 딱 자기 수준만큼 쇼핑하는 것을 많이 보아 왔다. 쇼핑은 스스로 경험하고, 실패를 통해서야만 자신의 수준을 업그레이드할 수 있는 분야지만, 다년간의 경험을 통해 실패를 줄일 수 있는 쇼핑의 기본 노하우 몇 가지를 짚고 넘어가고자 한다.

비즈니스맨이라면 쇼핑을 하기 전 먼저 옷장 속의 옷의 비율부터 체크해보도록 한다. 옷장은 기본적으로 일할 때 입는 옷과 평상시 입는 옷을 각각 반씩 구성하는 것이 바람직하다. 일할 때 입는 옷에서도 자주 만나는 대상을 고려해 비중을 나누어야 한다. 또한 옷은 직업에 따라 그 선택을 달리해야 한다. 금융인이나 펀드매니저 같은 경우는 주로 투자자를 상대해야 하기 때문에 신뢰감을 주는 옷을 입어야 한다. 남자 옷 중 신뢰감을 주는 컬러는 네이비 스트라이프만한 것이 없다. 강하기도 하지만, 가장 우아한 컬러가 네이비다. 이는 컬러에서 오는 이미지이기 때문에 아무리 시대가 바뀌고 트렌드가 변해도 흔들리지 않는 기본 철칙이다.

중간에서 상황을 컨트롤해야 하는 일이 많은 변호사나 외교관 같은 직업이라면 자신을 강하게 드러내서는 안 되므로 차분하고 부드러워 보이는 그레이가 적합하다. 정치인은 워낙 다양한 사람을 만나기 때문에 딱 한 가지로 규정할 수 없고, 카멜레온처럼 입어야 한다.

이처럼 일하는 옷 중 70퍼센트는 평소 업무에 맞는 옷으로 구성하고, 나머지 30퍼센트는 자기주장이 강한, 차별화를 둘 수 있는 옷으로 구성한다. 예를 들어 비즈니스 수트가 세 벌이라면 두 벌은 평소 주로 상대해야 하는 사람을 고려한 옷으로, 한 벌은 자기 개성을 드러낼 수 있는 수트로 갖추는 것이다. 전 세계적으로 보았을 때 남자들이 가장 많이 입는 수트 컬러는 70퍼센트가 네이비이며, 25퍼센트는 그레이고, 그리고 카키, 레드, 옐로, 블랙 등 세상의 모든 색이 나머지 5퍼센트를 차지한다. 네이비와 그레이를 가장 많이 입는 이유는 둘 다 모두 남성적인 매력을 가장 잘 드러내면서도 신뢰감을 주기 때문이다. 자신을 차별화해야 하는 경우에는 두 가지 색 이외의 밝은 그레이나 라이트 블루, 카키 같은 일반적이지 않은 색이나 독특한 디자인의 수트를 마련하면 된다. 이런 구성을 생각해두지 않는다면 그 사람은 매일 그저 그런, 평범하고 밋밋한 사람으로 비춰지기 쉽다. 옷이 많은 사람일수록 자기주장이 강한, 차별화된 비즈니스 수트의 비중이 더 커질 수밖에 없다. 이처럼 일할 때 입는 옷과 일하지 않을 때 옷을 5:5

로 기본 구성을 해둔 후 일을 하지 않을 때 입는 옷, 내가 좋아하는 옷을 점차 늘려나가다 보면 어떻게 옷을 매칭해서 입을지 그 재미가 쏠쏠해지고, 자연스레 옷을 잘 입는다는 말을 들을 수 있다.

옷이 몇 벌 없을 때는 옷을 입을 수 있는 경우의 수가 정해져 있기 때문에 무엇을 입을까에 대한 고민이 없지만, 옷이 많아지면 입을 옷이 없는 것 같이 느껴져 더 쇼핑에 치중하게 된다. 신발이 딱 두 켤레밖에 없다면 어떤 옷을 입든지 A와 B 둘 중에 하나를 고르면 되지만, 구두가 많아지면 옷에 맞춰 어떤 것을 골라 신어야 될지 고민스러운 것과 마찬가지인 것이다. 옷 종류가 많아지면 많아질수록 옷과 소품을 매치하는 방법과 스타일에 따라 달라지고, 이런 방식을 즐기다 보면 쇼핑에 대한 안목도 자연스레 넓어지게 된다.

본격적으로 쇼핑에 나서기 전 우선 해야 할 일은 다용도로 입을 옷을 살 것인지, 아니면 특정한 상황에 필요한 옷인지, 옷의 콘셉트를 정하는 것이다. 아무런 생각 없이 쇼핑에 나서면 필요 없이 시간을 헛되이 쓰거나 충동구매를 할 수도 있고, 심지어 빈손으로 되돌아와야 할 수도 있다. 그리고 쇼핑에 나설 때는 제대로 갖춰 입고 나서도록 한다. 꾀죄죄하게 입고 무성의하게 해서 나가서는 곤란하다. 그중에서도 특히 신발만큼은 사고자 하는 아이템의 콘셉트에 맞춰 제대로 신고 가는 것이 좋다. '남자의 패션은 구두로 완성된다'는 말을 기억해야 한다.

만약 셔츠를 사야겠다고 마음먹고 백화점 혹은 쇼핑가로 나섰다고 하자. 처음에는 백화점을 천천히 한 바퀴 돌아보기만 한다. 입어보거나 하지 말고, 전체적인 트렌드도 살피고, 셔츠도 보면서 아이 쇼핑만 하는 것이다. 그리고 잠시 커피숍에서 커피를 한잔 마시고 휴식을 취한 뒤 눈에 들어왔던 셔츠를 떠올린다. 분명 눈에 밟히는 셔츠가 몇 가지가 있을 것이다. 그렇다면 이번엔 그 셔츠를 중심으로 입어보면서 한 바퀴 돈다. 물건은 보는 것과 입는 것이 천지차이다. 그러므로 성가시게 생각하지 말고 반드시 직접 착용해보아야 한다. 그런데 문제는 이때부터다. 헷갈리기 시작한다. 이것도 좋은 것 같고, 저것도 좋은 것 같다. 매장 직원들은 옷의 이런 저런 장점을 들며 모두 다 어울린다는 이야기를 늘어놓을 것이다. 여기서 지갑을 꺼낸다면 성급한 행동이다. 또다시 잠시 휴식을 취하면서 한숨 돌리도록 한다. 몸을 편하게 하며 에너지를 비축하는 것이다. 이렇게 릴렉스한 상태에서 구매 대상을 두세 가지로 좁힌 뒤 마지막으로 다시 한 번 더 두세 가지의 셔츠를 입어보고 최종 결정을 내리는 것이다. 이것이 가장 현명한 원데이 쇼핑이다. 물론 옷은 감성적이기 때문에 아무런 이유 없이 지금 당장 사지 않으면 안 될 것 같은 아이템을 만나기도 한다. 그럴 땐 어쩔 수 없지만, 쇼핑을 할 때는 똑같은 옷을 최소한 세 번은 보고, 최소한 두 번은 쉬어야 충동구매도 막을 수 있고, 후회 없는 쇼핑을 할 수 있다.

결국 쇼핑은 발품이다. 우리나라에서든 외국에서든 마찬가지다. 직원이나 지인들과 함께 해외 출장을 가면 의외로 나는 곧바로 쇼핑에 나서는 것을 만류한다. 파리에 갔다면 먼저 파리지엔의 생활을 보는 것이 우선이다. 사람들 사이에 섞여 샹젤리제 거리를 걸어보고, 노천카페에서 커피도 한잔 마시면서 도시 분위기에 젖어드는 것이다. 그리고 자신이 가지고 싶은 것을 상상하는 것이다. 이렇게 하루를 보내고 난 후 다음날 쇼핑에 나서면 무조건 쇼핑을 목적으로 매장에 달려

갈 때보다 훨씬 더 실패 없는 쇼핑을 할 수 있다.

쇼핑을 잘하기 위해서는 최고의 제품을 많이 사용하며 그 제품이 지닌 가치와 장단점을 스스로 파악하는 것이 가장 좋다. 만약 형편이 되지 않는다면 아이쇼핑이라도 많이 해야 한다. 많이 보는 것은 직접 사용하는 것만큼이나 중요하다.

또 하나, 스스로에게 너무 인색하면 좋은 쇼핑을 할 수 없다. 사실 원하는 아이템에 대해 대가를 지불할 때 과하지 않은 것은 없기 때문에 쇼핑이란 곧 금전적인 문제와 직결된다. 비싼 옷이 좋은 건 아니지만, 보통은 가격대가 높은 것이 좋은 옷일 때가 많다.

쇼핑은 스스로의 가치를 높이는 자신에 대한 투자이기도 하다. 무조건 다른 사람을 흉내 내서 입어보았자 어울리지도 않고 스타일도 살지 않는 것처럼 쇼핑을 싫어하면서 쇼핑 잘할 수 있는 노하우란 없다. 신중한 쇼핑도 좋지만, 쇼핑 자체를 즐기는 것만이 진정한 쇼퍼가 되는 지름길이다.

당신의 비즈니스 수트가
성공을 가져올 것이다

우리나라에는 우리나라만의 독특한 문화가 있다. 남자 옷에 대한 여자의 영향력이 지대하다는 것이다. 장미라사에 3대가 옷을 맞추러 오는 경우가 종종 있다. 주로 50~60대 전후 여성이 아버지, 아들과 함께 와 옷을 맞춘다. 그리고 장미라사의 고객 절반 정도가 아내와 함께 옷을 맞추러 오는데 이들의 공통점은 자신의 옷을 만드는 데 여성의 입김이 남자보다 훨씬 강하다는 것이다. 심한 경우에는 자신이 어떤 옷을 지었는지조차 모르는 경우도 있다. 그저 아내가 하라는 대로, 옷을 '입어주러' 온 꼭두각시에 불과한 것이다. 이 연령대의 여성들에게 남편의 옷을 어떻게 제작하기를 원하느냐고 물어보면 한결같이 '넉넉하게'라고 답한다.

한창 자랄 나이에는 어제 오늘 다르게 키가 쑥쑥 커버려 옷을 못 입어서 그렇다고 하지만, 다 자란 성인 남자가 더 클 일도 없는데 굳이 크게 입혀야 할 이유가 없음에도 불구하고 대부분의 와이프들은 남편을 위해 "넉넉하게!"를 외친다.

옷의 디자인을 결정하는 것도 여성이요, 옷의 브랜드를 결정하는 것도 여성, 아예 머리에서 발끝까지 모든 것을 와이프에게 맡기고 자신은 그저 지켜보기만 하는 남성도 있다. 남자들은 결정권 없이 자신의 미의 기준을 얌전하게 여자에게 양보하고, 여성들은 자의 반 타의 반으로 남성의 패션 정장 문화를 처참하게 짓밟아버리는 것이다.

과거를 돌이켜보면 70년대에는 여자보다 남자가 더 멋을 부리고 다녔다. 그런데 80년대에 들어서면서 현금으로 오가던 월급봉투가 온라인을 통해 고스란히 경제권이 아내에게 넘어가게 되고 남자들의 소비권이 사라지고 난 뒤 일어난 현상인 것이다. 남자들은 멋을 생각할 시간에 일에 쫓기며 지내고, 대신 여성들이 남편을 위해 편안한 옷을 지어야 한다는 생각에 오로지 "크게!"를 외치게 된 것이다.

젊은 층은 전혀 별개의 이야기겠지만, 사십 대는 멋을 부리는 데

어정쩡한 상태고, 50~60대 중에는 헤어스타일까지 부인에게 다 맡기는 사람이 허다한 것은 바로 이러한 이유에서다. 하지만 자신의 옷을 다른 사람에게 맡긴다는 것은 마치 음식의 맛은 아무런 상관이 없고 그냥 배만 부르다는 것과 별반 다르지 않다. 음식이 단순히 영양가만 섭취하고 끝날 문제라면 굳이 힘들게 시간을 들여 요리를 하거나 식탁을 꾸미지 않고 그저 재료만으로 배를 불려도 될 일이다. 하지만 재료를 다듬어 요리를 하고 식탁을 풍성하게 꾸미는 것은 요리 자체의 맛을 음미하는 일차적인 목적 외에도 좋은 사람과 함께 요리를 나눠 먹으며 즐거운 시간을 보내고자 하는 의도가 있다. 옷 또한 마찬가지다. 추위나 더위를 피하거나 피부를 보호하기 위한 기본 용도만 생각한다면 어떤 옷을 입든지 아무런 상관이 없다.

옷이 주는 즐거움은 의외로 크다. 멋지게 차려 입은 자신은 스스로를 뿌듯하고 당당하게 만든다. 자신뿐만 아니라 잘 갖춰 입은 옷은 상대도 즐겁게 한다. 만나면 기분이 좋고, 다음에 만날 때는 어떤 옷을 입고 나올 것인지 기대하게 만드는 힘이 있다. 이런 사람이야말로 진정한 멋쟁이라고 불릴만하다. 이런 옷의 묘미를 은퇴를 하고 난 후

깨닫는 경우가 많아 육십 세가 넘어 멋을 부리는 사람들도 상당수 있다. 우리나라의 진정한 멋쟁이는 칠십 대 이상에 집중적으로 몰려 있다고 나는 생각한다.

옷은 온전히 자기 자신만을 위한 장치다. 수트가 사람의 이미지를 좌우하게 만듦에도 불구하고 수트를 잘 입는 사람은 드물다. 옷을 잘 입기 위해서는 스스로 옷에 대해 관심을 가져야 한다. 없는 관심도 만들어내야 한다. 특히 비즈니스 수트는 말 그대로 업무와 직결된 것이기 때문에 결코 다른 사람에게 맡겨서는 곤란하다.

〈논어〉 옹야 편에 문질빈빈文質彬彬이라는 말이 있다. '바탕과 겉모습이 조화를 이루어야 군자답다'라는 말로 내면만 추구해 꾸미지 않으면 촌스러워지고, 반면 꾸미는 것만 신경 써 내면을 무시하면 성의가 부족하므로 양쪽이 모두 조화를 이루어야 이상적인 인간이 될 수 있다는 의미로도 해석될 수 있다. 공자는 '거울을 보지 말고 책이나 열심히 들여다보라'가 아니라 '거울을 들여다보는 만큼 책도 가까이하라'고 가르치는 스승이었던 것이다.

'성공하고 싶다면 성공한 사람처럼 입어라'라는 말이 회자되던 적이 있었다. 이 말을 그저 외관상 성공한 사람들의 스타일을 따라하라는 말로 오해해서는 곤란하다. 옷을 잘 입는 사람들은 대부분 자기 관리에 철저한 사람들이다.

수트 역사상 남성복의 변화에 큰 획을 그은 대표적인 사람으로 영국의 '윈저공'을 꼽는다. 그는 그 전까지 까다롭게 지켜지던 격식을 파괴하고, 자신만의 스타일로 자유롭게 옷을 입으며 복장을 간편화하고 캐주얼하게 만든 데 일조하였다. 윈저공작에게 넥타이 매는 법을 배우기 위해 줄을 섰다는 일화가 있을 정도로 그는 옷에 대해서 열린 시각을 가지고 있었다.

옷을 잘 입기 위해서는 스스로 구속해서는 안 된다. '난 이런 건 안 어울릴 거야', '이런 걸 입으면 사람들이 나를 이상하게 보겠지?', '이렇게 입고 나가면 창피를 당하지나 않을까' 하는 생각은 자꾸 사람을 왜소하고 주눅들게 만든다. 하지만 이렇게 제한을 두다 보면 옷은 항상 비슷비슷한 패턴, 비슷한비슷한 색으로 옷장은 채워지게 되고, 결국 자신의 존재감조차 묻히게 된다. 그러므로 계속 무난한 옷만 사면 결국 나중에는 입을 옷이 하나도 없다는 신세한탄이 나오게 되는 것이다. 그러므로 우선 자신을 구속하는 있는 틀에서 벗어나 좀 더 자유로운 발상으로 옷을 대하는 자세가 필요하다.

세상에 어울리지 않는 것은 없다. 그저 어울리지 않는다고 생각하는 자신만 있을 뿐이다. 있는 것을 그대로 받아들이고, 자신만의 스타일로 변형시키면 된다.

자신의 몸에 맞게, 마음을 드러낼 수 있게끔 옷을 창조적으로 매치하고자 하는 아이디어는 개인의 스타일링에 차별화할 수 있는 부분은 너무나 많다. 사실 여자나 남자나 옷을 좋아하기 위해서는 사치하는 마음이 없으면 안 된다. 문화나 예술을 즐기는 사람 대부분이 그러하다. 그렇지만 과거 이탈리아 남성들은 큰돈을 들이는 것이 아니라 자신들이 활용할 수 있는 여윳돈 안에서 멋을 꾸민다. 그러므로 비싼 시계나 구두, 타이 등이 아니라 행커치프 하나만으로도 자신의 개성을 표현할 수 있도록 작고 세세한 부분에 관심을 가지는 것이 바람직하다.

옷을 잘 입기 위해서는 끊임없이 연구해야 한다. 그리고 자기 자신을 사랑해야 한다. 나폴레옹도 시대의 멋쟁이였는데, 그는 키가 그

다지 크지 않았음에도 스스로를 당당하고 자신감 넘치게 보이게 하는 방법을 알고 있었다. 윈저공이나 나폴레옹 같은 사람은 수도 없이 많으며, 이런 사람들은 자신에 대해 끊임없이 연구하고, 관리할 것이다. 이런 철저한 성격 때문에 대개는 성공을 한다.

물론 옷이 성공의 전부를 나타내는 지표는 아니지만, 자기 관리라는 시각에서 본다면 분명 플러스적인 요소가 있다. 성공의 기준을 부에만 둘 수 없고, 사람에 따라 다 다르겠지만, 결국 성공이란 내 옆에 같이 할 수 있는 사람이 많이 모여 있는 것이 아닐까 싶다. 사람이란 혼자 살 수 없는 존재며, 혼자 산다면 부자라 한들 의미를 찾을 수 없기 때문이다. 따라서 내가 생각하는 최고의 멋은 옷보다는 사람 자체에 무게를 두어야 한다고 생각한다. 생각만 해도 기분 좋은 사람, 만나면 즐거운 사람, 못 보면 전화하고 싶은 사람, 만나고 싶은 사람이 최고의 멋쟁이일 것이다. 그런 그가 옷까지 잘 입으면 금상첨화겠지만, 그보다는 멋진 사람이 먼저라고 생각한다. 그렇다고 옷을 결코 무시하는 것은 아니다. 옷은 모양 이전에 중요한 것은 깨끗한 옷이다. '맛없는 음식은 먹어도 더러운 음식은 못 먹는 것'처럼 옷 역시 아무리

스타일이 멋져도 비듬이 내려앉아 있다거나 셔츠에 때가 꼬질꼬질하게 묻어 있다면 그것을 보고 멋지다고 말하는 사람은 없을 것이다.

옷을 잘 입는 사람은 자신을 아끼고 사랑할 줄 아는 사람이다. 자신을 귀하게 여기는 사람이야말로 옷을 제대로 갖춰 입으며 남도 존중해서 대할 줄 아는 법이다. 그것은 가족끼리 있을 때도 마찬가지여서 주말마다 런닝과 팬티 차림으로 돌아다니면서 아내에게, 자식에게 존중과 사랑을 눈길을 바랄 수는 없을 것이다. 그러므로 집에 있을 때도 가능하면 함부로 입지 말고, 제대로 갖춰 입고 있어야 한다. 그래야 서로를 존중할 수 있고, 대접을 받을 수 있는 자격이 만들어지는 것이다.

DRESS
DRESS SEWING MACHINE
DRESS

HUDDERSFIELD ENGLAND BY JOHN CAVENDISH

210
ANG MEE

TangMee
since 1956

JangMi

옷은
취향이고
태도다

수트

기본과 정통을 추구한다

옷이 인생의 성공과 실패를 논하는 기준이 될 수
는 없겠지만, 삶이라는 무대의 주역이 되고자 한
다면 분명 상대를 배려한 '포장'이 필요한 것이 사
실이다. 객관적으로 성공한 사람들 대부분이 옷
에 신경을 쓰고, 옷을 통해 자신의 개성을 드러내
고자 하는 것도 사회생활 속에서 주인공 자리를
꿰차기 위한 적극적 의지에서 비롯된 표현인 것이
다. 선택의 문제겠지만, 조연의 삶으로도 만족한다
면 옷이란 다른 사람에게 불편함을 끼치지 않는
선에서 적당히 타협해도 커다란 타격을 입을 일은
없다.

옷 장사를 하다 보니 옷을 잘 입는 노하우가 있느냐, 어떤 옷을 사야 실패하지 않느냐, 타이나 구두는 어떻게 매치해야 하느냐 같은 수많은 질문을 하루에도 여러 번 받는다. 무엇보다 가장 중요한 건 몸 컨디션이다. 어떤 일이든 아프거나, 피곤하거나, 정서적으로 불안하면 제대로 일이 손에 잡히지도 않을 뿐더러 그저 내려놓고 싶어진다. 이런 상태에서는 아무리 멋을 부려도 상대에게 자신의 매력을 100퍼센트 온전하게 발휘할 수 없다. 그러므로 진정한 멋이란 즐거운 마음과 안정적인 마인드를 유지할 수 있는 개인의 컨디션 조절 능력과 깊은 연관을 가지고 있다.

수트는 이백 년이 넘는 오랜 시간 동안 그 틀을 유지하고 있을 만큼 가장 성공적이며 오래 된 옷이기 때문에 그저 막 입을 수 입는 옷이 아닌 것만은 사실이다. 그러나 그보다 먼저 수트에 대해 알아두어야 할 것은 항상 유행에 '반 박자' 느리게 맞춰가야 한다는 사실이다. 이백 년 전통이라고는 하지만, 수트 역시 패션이기 때문에 시대에 따라, 시즌에 맞춰 조금씩 트렌드가 변화해왔다. 그러나 수트의 기본 역할은 이유 여하를 막론하고 상대에게 신뢰를 준다는 분명한 목적을 가지고 있다. 그러므로 너무 앞서나간 유행으로 상대를 놀라게 해서 상대의 신뢰를 얻지 못한다면 이는 본래 수트가 가지고 있는 가치 실현에 실패한 잘못된 착용법이라고 할 수 있다.

연예인 중에는 디자이너들도 깜짝 놀랄 만한 감각으로 몇 년 정도 시대를 앞서는 패션을 선보이는 배우가 있다. 옷과 관계되는 일을 하는 사람 입장에서는 이해할 수 있지만, 일반인들이 보기에는 익숙하지 않은 모습이라 자칫 괴리감을 느낄 수 있다. 이처럼 신선한 충격이 항상 좋은 쪽으로 작용하지 않는다는 것을 보여주는 단적인 예가 바로 수트라고 할 수 있다.

상대가 있는 수트는 내가 바이어인지 세일러인지에 따라 입는 방법이 달라져야 한다. 특히 세일러, 물건을 파는 입장이라면 네이비나 그레이, 혹은 스트라이프 등의 패턴이 있는 수트를 선택한다.

세계적으로 남성들이 가장 많이 입는 수트 색상인 네이비는 단정하면서도 분명한 인상으로 상대에게 신뢰감을 주며, 그레이는 편안함하고 깔끔한 이미지를 강조하는 클래식한 컬러로 수트의 가장 일반적이면서도 고급스러운 컬러다. 스트라이프는 상승하는 이미지가 있어 진취적이면서도 신뢰감을 주는 효과가 있다.

수트를 멋지게 입는 포인트는 어깨와 브이존, 라펠, 그리고 바지 길이와 폭이다. 수트는 재킷과 바지가 한 벌인 의상이므로 상하의 라인이 잘 어울려야 한다. 여성이라면 슬림한 재킷과 와이드 팬츠, 오버사이즈 재킷와 슬림 팬츠 등 다양한 매치가 가능하지만, 수트는 여자의 옷과는 달라 자신에게 가장 잘 어울리는 위아래 라인을 찾아내야 한다.

수트는 후진국일수록 크게 입는다는 공식이 적용된다. 몸에 맞는지 여부와 상관없이 그저 양복 비슷한 모양만 내면 그만이기 때문이다. 하지만 아저씨 복장에서 벗어나 신사의 품격을 따지기 위해서는 어깨선이 제대로 맞아야 한다. 그와 함께 얼굴과 연결이 되는 브이존을 제대로 살릴 수 있어야 한다. 남자 재킷의 브이존 이미지를 결정하는 것은 라펠이라고 할 수 있는데, 라펠 역시 직종에 따라 그 모양을 달리하는 것이 좋다.

예를 들어 금융이나 건축, 토목 등의 분야에 종사하는 사람들로 상대에게 신뢰감을 주는 것이 첫째 목적인 사람은 재킷의 라펠 넓이가 너무 넓지도 좁지도 않은, 그 시대의 흐름 중 딱 중간 정도인 것이 좋다. 법률가나 정치가 같은 사람은 와이드 라펠이 좋다. 와이드 라펠은 시대를 불문하고 카리스마를 발휘하며, 과묵한 분위기를 연출하기 때문이다. 반대로 광고나 인테리어 등 창조적이면서도 현대적인 일에 종사하는 사람이라면 좁은 라펠이 도회적이고 세련되어 보인다. 넓고 좁음은 겨우 0.5mm 정도의 차이로 결정되지만, 이처럼 작은 수치로도 확연한 차이를 보이는 것이 라펠이므로 자신의 얼굴 형태와 직종에 따라 라펠을 선택해야 한다.

수트는 잘 입으면 자신의 체형을 커버할 수 있다. 특히 비스포크의 경우에는 신체상의 오류를 하나씩 잡아나갈 수 있어 무엇보다 유용하다. 기본적으로 키가 크고 말랐다면 상하의를 다른 색상으로 하되 재킷을 더블 브레스티드로 하면 가슴에 볼륨감이 있어 보이고, 키가 작고 말랐다면 상하의를 동일한 색상으로 해서 시선이 흐르도록 하며, 어깨선을 강조한 수트가 잘 어울린다. 키가 크고 뚱뚱하다면 세로 스트라이프의 진한 색 수트를 입되 싱글 버튼을, 키가 작고 뚱뚱하다면 수트와 구두의 색상을 전체적으로 통일해 키가 커 보이도록 하는 것이 좋다.

수트는 균형을 깨트리고 시대에 앞서 가는 파격적인 변화보다는 기본과 정통 스타일을 잊지 않고 살리는 것이 신사의 품격을 살리는 방법이다. 몇 십 년이 흐른 흑백 영화 속에서 수트를 입은 남자 배우가 멋져 보이는 이유도 화려하기보다 절제되면서도 차분한, 클래식한 멋을 존중했기 때문이다.

셔츠

수트를 더욱 돋보이게 한다

옷의 여러 아이템 중 '남'에게 보여주는 것이 아니라 '나' 자신을 위해 선택해야 하는 것이 있다면, 그것은 바로 셔츠다. 이집트에서 직사각형의 천을 반으로 접어 속옷으로 사용했던 것을 셔츠의 시작으로 보고 있다. 그 후 16세기에는 프릴이나 러플 등이 장식된 화려한 스타일이 유행했다가 프랑스 혁명 이후 19세기경에 오늘날과 같은 모양으로 만들어진 셔츠는 조금씩 형태가 변하기는 했지만, 기본 스타일에서 크게 벗어난 적은 없다.

　이처럼 땀을 흡수하고 보온하는 이너웨어의 목적으로 시작된 셔츠는 피부에 직접적으로 닿는 옷이기 때문에 모양보다 먼저 '청결'을 가장 중요한 덕목으로 꼽는다. 재킷 밖으로 보이는 칼라와 소매 끝이 깨끗하지 못하고 때가 꼬질꼬질하게 묻은 사람을 보고 유쾌하게 느끼는 사람이 없는 것처럼 셔츠는 첫째도 청결, 둘째도 청결, 마지막도 청결로 마무리되어야 한다.

　아무리 예쁜 그릇이라도 더러운 이물질이 묻은 것은 결코 쓸 수도, 쓰고 싶지도 않은 것과 마찬가지다. 따라서 셔츠는 화학사가 섞이지 않고, 피부 트러블이 없는 면으로 된 것이 셔츠의 기능에 가장 충실한 최상의 아이템이며, 항상 깨끗하게 유지될 수 있도록 세심하게 신경을 써야 한다. 셔츠의 용도에서 알 수 있듯이 클래식한 착장에는 셔츠 아래 따로 속옷을 입지 않는 것이 예의며, 격식을 갖춘 자리에서 셔츠 차림으로 있는 것은 '벌거벗은 임금님'까지는 아니더라도 속옷 차림으로 상대를 대하는 것과 마찬가지이므로 주의해야 한다. 만약 이러한 사실을 모르고, 중요한 비즈니스 자리에서 셔츠(속옷) 차림으로 누군가를 상대한 적이 있다면 지금이라도 부끄러워하고 반성해야 할 것이다.

수트 안에 입는 드레스 셔츠(우리가 흔히 말하는 와이셔츠라고 하는 것은 화이트 셔츠white shirt의 일본식 발음으로 굳어진 것이다)가 몸에 맞지 않아 너무 커서 주름이 많이 잡히거나 밀리면 수트 재킷의 실루엣에도 영향을 미치므로 셔츠는 수트와 마찬가지로 자신의 신체 사이즈에 정확하게 맞게 입어야 한다. 자신의 몸에 맞는 셔츠 사이즈는 목둘레 사이로 손가락 하나가 들어갈 정도고, 재킷 밖으로 셔츠 칼라와 소매의 길이는 양쪽 모두 1.5~2cm 정도 보이는 것이 적당하다. 만약 기성복 중에 몸에 딱 맞는 셔츠가 없다면 맞춤 셔츠가 좋은 대안이 될 수 있다.

셔츠는 화이트만큼 수트를 돋보이게 하는 컬러도 없다. 물론 블루도 사람을 정갈하게 보이게 하고, 스트라이프도 세련된 느낌을 주지만(줄무늬 폭이 얇을수록 드레시하고, 폭이 넓을수록 캐주얼하다), 타이를 맺을 때 가장 기품 있어 보이고 수트를 돋보이게 하는 컬러는 화이트다.

타이를 매지 않을 때는 프린트 셔츠로 브이존을 강조하는 것도 옷을 잘 입는 방법 중 하나다. 물론 화이트 셔츠를 타이를 매지 않은 상태로 입을 수도 있지만, 이를 소화하기 위해서는 옷을 입는 훈련과 대단한 자신감이 있어야 가능하다.

셔츠에서는 칼라 모양도 중요하게 체크해야 할 요소다. 얼굴에서 눈썹의 미묘한 라인에 따라 인상이 완전히 바뀌는 것처럼 셔츠의 칼라 역시 수트의 전체 이미지를 바꿀 만한 힘이 있다. 셔츠의 칼라는 기본적으로 깃과 깃 사이의 각도에 따라 90도 이하는 스프레드 칼라(레귤러 칼라), 90도 이상은 미디엄 스프레드 칼라, 120~160도는 와이드 스프레드 칼라 이렇게 세 종류로 나눌 수 있다. 그리고 칼라 끝이 둥근 라운드 칼라Round Collar, 1920년대 미국에서 탄생한 칼라 끝을 버튼으로 몸판에 채우는 버튼다운 칼라Button-down Collar 등이 있는데, 얼굴이 작은데 칼라가 너무 넓으면 얼굴이 도드라져 보이고, 반대로 얼굴이 큰데 칼라가 작으면 얼굴이 더 커 보인다.

그러므로 칼라가 좁은지 넓은지 버튼이 달렸는지 없는지, 수트 라펠의 넓이에 따라 잘 조화를 이루는 것을 찾아야 한다. 넥밴드 역시 전체적인 이미지를 결정하는 중요한 요소로 넥밴드 위치가 아래에 있으면 목이 길어 보이며, 반대로 위에 있으면 권위적인 느낌이 나므로 자신의 얼굴형와 체형에 맞는 디자인을 선택해야 한다. 물론 칼라 모양이나 디테일 등 지나치게 사소한 부분에 집착해서 큰 그림을 놓쳐버리면 우스꽝스러워질 수 있으므로, 전체적인 밸런스를 생각해 자신에게 가장 잘 맞는 디자인을 찾도록 한다.

셔츠는 수트 재킷 안에 입기 때문에 드러나는 면적이 크지는 않지만, 잘 고른 셔츠 한 장은 얼굴 형태의 단점을 커버하고 얼굴과 수트를 매끄럽게 이어주는 중요한 연결고리 역할을 하므로 결코 아무 것이나, 무심코란 발상은 있을 수 없다.

셔츠에 달려 있는 장식용 포켓에 펜이나 명함 같은 자질구레한 물건을 넣는 것은 멋과도 동떨어지고 예의에도 어긋나므로 이런 소소한 행동으로 신사의 품격이 떨어지는 일이 없도록 주의한다면 멋 이전에 누구를 만나더라도 상대방에게 호감을 줄 수 있는, 자연스러운 기품을 지니게 될 것이다.

넥타이

자신만의 개성을 드러낸다

영화 <인턴>에서 잠깐 스쳐 지나가는 장면이기는
하지만, 로버트 드니로가 아침에 출근하기 위해
들어선 룸에는 질서정연하게 제자리를 지키고 있
는 타이와 셔츠, 니트 등이 감동적으로 펼쳐진다.
진정한 젠틀맨의 워드로브란 저런 것이 아닐까 싶
을 정도로 그곳에 서면 자연스레 옷 입는 즐거움
을 느낄 수 있을 것만 같다. 그중에서도 인상적인
장면은 가지런하게 늘어트린 수십 장의 타이였는
데, 잘 고른 타이는 남성스러움을 극대화시키고
신사의 품격을 높여주는 훌륭한 도구다.

특히 재킷에서 브이존은 전체 인상을 결정짓는 중요한 부위며, 브이존은 셔츠 칼라와 옷감의 두께, 어떤 타이를 어떤 매듭으로 매느냐에 따라 느낌이 완전히 달라진다. 개성을 존중하는 자유로운 스타일이 유행하면서 '노타이no tie'를 선호하는 경향이 생겨나기도 했지만, 역시 품위 있는 수트를 완성하기 위해서는 타이의 힘이 절대적이다.

타이는 17세기에 유행했던, 귀족들이 스카프처럼 목에 풍성하게 매던 '크라바트Cravate'에서 시작했다고 보는 것이 정설이다. 프랑스에서는 아직도 타이를 '크라바트'라고 부르는데 사실 이 명칭은 동문서답의 엉뚱한 오해에서 비롯되었다고 한다. 루이 14세는 동맹군인 크로아티아 병사들이 목에 두른 것을 보고 "저것이 무엇이냐?"라고 물었는데, 이를 제대로 이해하지 못한 시종장이 "크라바트(크로아티아의 병사)입니다"라고 답한 것에 시작되었다는 것이다.

쉬울 것 같지만, 쉽지 않은 것이 타이다. 만약 어떤 타이를 골라야 할지 자신이 없다면 작은 도트가 가장 무난하다. 작은 꽃무늬도 도트와 같은 역할을 한다. 남자들 중에서는 이것저것 해봐도 이보다 더 나은 것이 없다며 도트 타이만 수십 개 가지고 있는 사람들도 있다. 그날의 분위기에 따라 도트의 크기와 타이의 색깔을 선택하면 실패할 확률이 가장 적은 것이 도트 타이다.

만약 상대에게 강한 인상을 남기고 싶다면 빗살무늬가 좋다. 한쪽 방향으로 뻗어나가는 빗살무늬는 힘이 있어 정치인들이 빗살무늬 타이를 즐겨하기도 한다. 페이즐리나 크고 화려한 꽃무늬는 화사해 보이기는 하지만 본인이 소화를 해내지 못하면 촌스러워 보일 수 있으므로 타이에 충분한 자신감을 붙인 후에 시도하는 것이 좋다. 단색인 솔리드 역시 마찬가지로 그 어떤 타이보다 시크하고 세련미 넘치는 타이이긴 하지만, 잘못 매면 너무 캐주얼하거나 가벼운 이미지를 줄 수 있으므로 창조적인 일을 하는 사람이 아니라면 가능한 한 피하는 것이 좋다.

사실 타이는 옷과 어떻게 매치하느냐보다 내가 그 분위기를 소화해낼 수 있느냐 없느냐가 더 중요하다. 아무리 보기에 좋고 멋진 타이도 내가 그것을 소화해내지 못하면 우스꽝스러워 보일 수밖에 없

고, 아무리 내가 좋아도 상대가 좋아해주지 않는다면(멋은 있어도 신뢰
감을 주지 못한다면) 실패한 스타일링이라고 할 수밖에 없다. 수트 초보
자라면 굳이 위험한 모험을 하기보다는 안정적인 선택을 권하는 이유
가 이 때문이다.

타이는 원단에 따라서도 표정이 크게 바뀐다. 맞춤 양복을 할 때
도 원단을 먼저 보는 것처럼 넥타이를 고를 때도 소재 자체를 먼저
고르는 것이 좋다. 가장 대표적인 넥타이 소재는 실크(전체 생산량의 약
60%)로 특유의 광택과 감촉이 화사하면서도 고급스러운 멋이 있지만,
최근에는 울, 리넨, 니트 등 소재 선택의 폭이 다양해져 재킷의 소재
나 날씨, 표현하고 싶은 분위기 등을 고려해 타이를 고르면 된다.

타이에서 또 한 가지 중요한 디테일은 매듭의 두께와 모양, 그리
고 '넥타이의 보조개'라고 부르는 매듭 아래에 만들어지는 주름을 의
미하는 딤플Dimple이다. 넥타이 매듭을 제대로 연출하지 못하면 재킷
의 매력마저 반감되므로 이 세 가지를 적절하게 잘 살려야 세련되면
서도 품격 있는 스타일을 만들 수 있다. 단, 딤플의 경우는 문병이나

상가를 방문할 때는 만들지 않는 것이 예의다. 타이도 매는 방법이나 종류에 따라 여러 가지이므로 심플함 속에서 자신만의 개성을 살릴 수 있는 방법을 연구해보면 재미있다. 넥타이는 매었을 때 늘어뜨린 길이가 바지 허리선인 벨트의 버클을 약간 덮을 정도의 길이로 매어야 한다고 하지만, 정해져 있는 것은 아니고 최근에는 오히려 벨트가 드러나도록 짧게 매는 편이 더 세련돼 보이기도 한다.

크게 변화를 주기 힘든 수트의 특성상, 타이는 가장 쉬우면서도 간단하게 전체적인 표정을 바꿀 수 있는 아이템이다. 레드는 색깔이 강렬한 만큼 자신을 돋보이게 하고 싶을 때 사용할 수 있는 컬러이고 ('톱'이라는 의미를 내포하고 있으므로 윗사람을 만날 때에는 착용하지 않는 것이 예의다), 깔끔하고 단정하게 보이고 싶을 때는 블루 계열을, 다른 이들과 동화되고 협조를 구하는 자리에서는 옐로 계열이 좋다. 이 세 가지 색상을 기준으로, 자신의 피부톤과 수트 컬러에 맞춰 개성 있는 타이 연출법을 연구한다면 자신과는 전혀 상관없어 보이던 멋쟁이라는 칭찬도 남의 일만은 아닐 것이다.

포켓치프

수트의 꽃이라 부른다

여자들의 멋이 눈을 유혹하는 화려한 디저트 같
다면 남자들의 멋은 모락모락 김이 피어오르는 밥
과 같다. 도드라지게 눈에 띄지는 않지만, 씹을수
록 달큰한 맛이 배어나는 좋은 쌀로 지은 밥처럼
은근함이 배어나오는 멋 말이다. 여자들은 귀고리,
팔찌, 목걸이, 시계, 헤어 액세서리 등 많은 액세서
리를 활용할 수 있지만, 남자는 운신의 폭이 좁다.
그 중, 남자만을 위한 액세서리라면 포켓치프를
꼽을 수 있다.

재킷의 왼쪽 가슴에 보일 듯 말 듯 살짝 고개를 치켜든 포켓치프는 과하지도 부족하지도 않게 남자의 멋을 살려주는 포인트 중 하나다. 포켓치프는 손hand과 두건kerchief의 복합어인 '행커치프'라고도 하며, '포켓스퀘어'라고도 한다.

포켓치프는 본래 머리에 쓰던 장식용의 사각형 천인 커치프를 손에 들고 다니다 포켓 위에 꽂았다는 설과 어딘지 모르게 딱딱하고 위압감을 주는 수트 이미지를 부드럽게 할 요량으로 생겨났다는 설 등 여러 가지가 있다. 어느 쪽이든 포켓치프가 본래는 손수건이었다는 것, 처음에는 멋이 아니라 필요에 의해서 사용하다가 멋도 내게 되었다는 것이 맞다고 본다. 영화에서 파티나 마음에 둔 여자에게 절묘한 상황에서 쉽게 손수건을 내밀기 위한 요량으로 시작된 것이 아니냐고 보는 것이다. 이런 맥락에서 본다면 포켓치프는 '나는 다른 사람을 배려할 줄 아는 남자입니다'라고 하는 일종의 심볼 같은 표식이다. 어쨌든 옷 좀 잘 입는다는 멋쟁이 소리를 듣고 싶다면 '수트의 꽃'이라 불리는 포켓치프를 활용할 필요가 있다.

포켓치프를 접는 방법은 수십 가지다. 반듯하게 접은 절제된 표현의 사각형은 세련되어 보이고, 포켓에서 꽃이 피어나듯 주름을 잡는 방법은 화려하고 우아하다. 포켓치프는 코튼, 리넨, 실크, 혼방 등 소재에 따라, 패턴에 따라서도 다양한 분위기를 연출하는데, 기본 중의 기본은 아무런 무늬도 없는 화이트 포켓치프다. 푸른 계열은 얼굴을 깨끗하게 보이게 하고, 레드 계열은 색깔 자체가 예쁘지만, 눈에 거슬리지 않고 가장 정중하면서도 포멀한 멋을 연출하는 것은 화이트다.

실크프린트의 포켓치프를 사용하면 온화한 느낌을 줄 수 있으며, 타이를 하지 않았을 때도 포켓치프를 하면 우아한 분위기를 연출할 수 있다. 단, 포켓치프는 어디까지 선택 사항이므로 자신이 가장 잘 돋보이도록 하는 것이 중요하다. 나 같은 경우, 블랙 재킷을 입었을 때나 고급 재킷을 입었을 때는 일부러 포켓치프를 하지 않는다. 그 편이 블랙의 심플함과 원단의 고급스러움을 살리는 데 도움이 되기 때문이다.

포켓치프를 너무 어렵게 생각할 필요는 없다. 기본적으로 포켓치프의 소재는 같은 소재의 수트에 맞추고, 셔츠 컬러와 같은 컬러로 매치하면 무난하게 합격점을 받을 수 있다. 포켓치프를 할 때 지나치게 많은 색상이 들어가면 혼란스러우므로 화려하지 않은 타이와 함께 매치하거나 타이를 매지 않을 때 포켓치프로 포인트를 주는 등 최소한의 컬러링으로 마무리하면 된다. 실크는 화려하고, 마 소재의 포켓치프는 고급스럽고 절제된 느낌을 준다. 면이나 면과 마를 섞어서 만든 포켓치프도 나름대로 색다른 분위기를 낼 수 있다.

포켓치프는 접었을 때 주머니가 불룩해지지 않을 정도의 사이즈로 41cm에서 46cm 정도의 정사각형이 좋고, 포켓에 꽂았을 때 4cm 이상 튀어나오지 않도록 하는 것이 정석이다. 그 이상 되면 앞으로 쏠아질 위험도 있고, 상대가 보기에 불편해 보일 수 있다.

포켓치프도 숙련되게 연출하기 위해서는 많은 연습이 필요하다. 단지 사각형의 천 조각 한 장이지만, 이런 사소한 것만으로도 분위기가 크게 달라지는 것이 수트다. 포켓치프의 연출에 따라 달라지는 수트의 세심한 표현의 재미를 느껴보다 보면 없던 신사의 품격까지 살아날 것이다.

구두

남자의 멋을 완성한다

영국의 고급 레스토랑에 입장할 수 있느냐 없느냐
의 기준은 옷보다 신발에 우선순위가 있다. 최근
뉴요커 필feel을 주장하며 수트에 운동화, 백팩 등
을 매치하는 젊은 남성들이 있지만, 아무리 수트
를 입었더라도 운동화를 신고서는 영국의 고급 레
스토랑에서 문전박대를 받을 수밖에 없다. 남자에
게 있어 구두는, 그야말로 멋진 수트 못지않게 중
요한 스타일 아이템인 셈이다.

신발을 언제부터 신었는지 정확한 기록이 남아 있지는 않지만, 추위와 더위로부터 몸을 보호하기 위해 옷을 입었던 것처럼 땅의 뜨거운 지열이나 추위로부터 동상을 방지하기 위해 나뭇잎이나 짐승의 가죽 등을 이용해 발을 감싸 보호했을 것으로 추정한다. 과거 이집트에서는 신분이 높은 사람 앞에서는 신발을 벗는 것이 예절이었으며, 걸을 때마다 적을 밟아 뭉갠다는 의미로 신발 바닥에 적의 모습을 그려놓기도 했다. 로마 시대에는 신분에 따라 신발의 색을 달리하도록 법으로 정해둘 정도로 옛사람들도 신발에 많은 의미를 부여했다.

16세기 말에는 지금의 하이힐의 원조가 된, 샌들 아래 코르카 창을 두껍게 덧댄 '초핀Chopine'이라고 부르는 높은 굽의 신발이 유행했었는데, 귀족의 권위를 상징하기도 한 초핀의 굽이 높은 것은 40cm나 되는 것도 있었다고 한다. 초핀이 인기를 끈 이유는 당시 오물 투성이였던 유럽의 길을 걸어 다니기 위한 실용적인 용도와 키가 커보이게 만들려는 미적인 용도 두 가지였는데, 재미있는 것은 초핀이 여성의 전유물만은 아니었다는 점이다. 초핀은 당시 남성들에게도 인기가 있어 키가 작았던 루이 14세도 높은 굽의 초핀을 애용했다. 키가 커 보이고 당당하게 보이게끔 하고 싶은 욕구는 여자나 남자나 마찬가지였으니 프랑스 혁명 후 굽이 높은 신발을 신지 않게 된 것은 남자 입장으로서는 안타까운 일이 아닐 수 없다.

'패완얼(패션의 완성은 얼굴)'이라는 말이 유행어처럼 사용되고 있고 그 말에 동의하지만, '머리에서 발끝까지'를 생각한다면 역시 '멋의 완성은 구두'라는 말처럼 옷을 잘 입는 사람들의 센스는 구두를 보면 알 수 있다. 다른 신사용품들도 마찬가지지만, 구두 역시 선택하기 까다롭고 어려운 아이템이다. 아무리 보기 좋아도 발이 불편해서는 안 되고, 반대로 아무리 발이 편해도 보기 싫으면 곤란하다. 보기 좋고, 발이 편해도 옷과 어울리지 않으면 그것 또한 문제다. 그래서 옷에 관심을 두다 보면 자연스레 스타일에 어울리는 신발을 찾게 되고 욕심이 생기게 된다. 나도 세계 각국의 웬만한 유명 매장에는 내 발 본이 있고, 매년 10켤레가 넘는 구두를 사지만, 여전히 멋진 신발을 보면 탐이 난다.

신발에도 여러 디자인이 있지만, 정통성이나 수트와의 조화 등을 고려했을 때 가장 무난한 것은 끈이 있는 디자인이다. 신사의 신발은 발등 디자인에 따라 분위기가 크게 달라지는데, 발끝에 아무런 장식이 없는 심플한 디자인의 구두는 '플레인 토', 발끝에 '토캡'이라고 불리는 보강용 가죽을 '-' 자로 덧씌운 구두는 '스트레이트 팁', 발끝에 'W' 형태의 재봉선이 들어간 신발은 날개를 펼친 새의 모양을 닮았다 하여 '윙 팁'이라고 부른다. 플레인 토와 스트레이트 팁, 윙 팁은 모두 끈이 들어 있는 디자인으로 격식을 갖춰야 하거나 클래식한 수트에 세련미를 더해주는 기본 신발이다. 수도승이 신는 샌들에서 착안해 고안된 버클이 붙은 '몽크 스트랩'은 끈은 없지만, 포멀하게 신을 수 있으며, 궁전에서 신던 실내용 구두에서 유래한 '태슬'은 태슬 장식이 있어 수트와 캐주얼 모두에 어울린다. 끈 없는 캐주얼한 '슬립온'은 격식을 갖춰야 하는 자리에는 착용하지 않는 것이 예의다.

나 같은 직업의 사람이라면 구두 색상에 좀 더 대담해져도 사람들의 이해를 구할 수 있지만, 그래도 예의에 어긋나지 않는 구두 색상은 역시 블랙과 브라운이 가장 무난하며, 브라운의 톤을 미세하게 조절하면 세련된 멋을 낼 수 있다. 진정한 신사라면 구두와 양말의 매치에도 세심하게 신경을 써야 한다. 최근 재킷에 발목을 드러내는 바지를 매치하는 스타일이 유행하면서 패셔너블한 양말로 개성을 드러내는 남성들이 많지만, 기본적으로 양말은 수트 컬러에 맞추거나 수트보다 한 톤 더 짙은 양말을 신는 것이 정석이다. 수트를 입고 다리를 꼬았을 때 맨살이 드러나는 것은 매너가 아니므로 양말은 종아리 중간까지 오거나 무릎 아래까지 오는 호스Hose를 신는다.

구두는 의상의 전체 실루엣을 완성하는 결정적인 역할을 한다. '신발로 여자의 세련미를 보고, 핸드백으로 그녀의 재력을 본다'는 말은 남성에게도 적용된다. 신발을 오래 신다 보면 앞코가 들리는데, 다른 사람들이 보기에 초라할 수 있으므로 매일 수트를 입는 사람이라면 최소한 두 켤레의 옥스퍼드와 캐주얼한 복장에 어울리는 로퍼 정도는 구비해두고 번갈아가며 신으면 신발의 형태를 좀 더 오래 보존할 수 있다.

분위기라는 것은 한 가지 소품에 의해서 만들어지지 않는다. 하나하나의 신중한 선택이 모여 결국은 전체적인 이미지를 만들어내고, 소위 말하는 나만의 '아우라'를 형성하게 된다. 과거에는 '남자가 옷과 음식에 까다로우면 안 된다'라는 의식이 지배적이었다. 멋을 부리는 남자는 대인배답지 못하다고 여겨졌다.

하지만, 지금은 다르다. 자기 관리에 무심하기보다는 자신을 잘 관리하는 사람이 주위의 좋은 시선을 받는다. 자신을 적절하게 표현하기 위해서는 우선 나에 대한 관심이 먼저다. 이처럼 하나씩 관심을 두고 적절하게 매치하다 보면 스타일에 생기는 변화의 즐거움을 느낄 수 있을 것이다. 잊지 말자. 멋진 구두는 남자의 진정한 멋을 완성하는 데에 중요한 역할을 한다.

벨트 가방 시계

강한 인상으로 남는다

정통과 기본을 중요시하는 수트이기 때문에 다른 사람과 다른 나를 표현하기 위해서는 소품의 역할이 지대하다. 작지만, 그 속에서 개인의 취향이나 성격을 엿볼 수 있는 통로가 되기 때문이다. 그러므로 되는대로, 아무렇게나 소품을 매치하기보다는 신중하고 세심하게 선택할 필요가 있다. 좋은 수트에 잘 어울리는 소품 하나가 상대방에게 강한 인상으로 남을 수 있다.

남자의 소품으로 꼽을 수 있는 첫 번째는 단연 벨트다. 벨트를 중요하게 생각하는 이탈리아와 달리 수트의 종주국인 영국은 벨트를 필수로 여기지 않지만, 신체의 한가운데를 가르는 벨트는 은근히 남성의 과시 욕구를 드러내는 아이템으로 빼놓으면 왠지 섭섭하다. 일반적으로 벨트는 다섯 개의 구멍에서 가운데 세 번째 구멍 정도에 허리가 맞도록 조정하고, 벨트 폭은 바지의 벨트 고리에 8부 정도 되는 것이 밸런스 감각이 있어서 좋다. 그리고 신발의 소재나 색상에 맞춰주는 것이 튀지 않으면서도 스타일리시하게 소화할 수 있다.

대부분의 책에서 타이가 벨트를 반쯤 덮도록 해야 한다는 되어 있지만, 패션에 정석이란 없다. 최근에는 벨트가 드러나도록 타이를 매는 편이 오히려 더 감각적으로 보이기도 한다. 나는 컬러풀한 가방을 좋아해 까르띠에의 레드 가방과 에르메스의 연보라색, 연두색 가방 등을 가지고 있는데, 얼마 전 내 가방을 보고 밀라노에 온 잡지 기자들 사이에서 가방이 너무 예쁘다며 한바탕 난리가 난 적이 있었다. 하지만 역시 수트에는 내가 선호하는 취향의 가방보다는 간결한 라인의 디자인과 블랙과 브라운, 다크 네이비 정도의 컬러로 구색을 맞추는 것이 가장 무난하다. 최근에는 그레이 컬러의 가방도 예쁜 것이 많이 나와 추천할 만하다.

격식을 위해서는 아무래도 가죽이 좋고, 그 중에서도 세계적으로 부를 상징하는 악어 소재라면 두말할 것도 없다. 가방은 자신의 허벅지 길이와 같을 때 가장 밸런스가 좋으므로 가방을 구입할 때는 거울 앞에 서서 전체적인 밸런스를 체크해볼 필요가 있다.

넥타이의 볼륨감을 살리기 위해 드레스 셔츠의 칼라를 양쪽에서 고정하는 칼라 바Collar Bar나 넥타이가 돌아가는 것을 막기 위해 기능적으로 탄생한 타이 바Tie Bar는 과거에는 신사의 품격을 살리는 소품으로 자주 사용되었으나 최근에는 오히려 시선을 분산시킨다는 이유로 하지 않는 추세다. 그러나 이와 반대로 커프스 링크Cuffs Link는 절제되고 엄격한 수트의 양념 같은 소스로 잘만 사용하면 개인의 '위트'를 드러내는 패션 포인트로 활용할 수 있다.

커프스 링크는 테이블 위로 손을 올린다거나 팔을 들어 올렸을 때 살짝 살짝 드러나기 때문에 너무 심플한 기본 아이템보다는 자신의 개성을 드러낼 수 있는 디자인을 선택하는 것이 좋다. 나는 수많은 커프스 링크 중 말 모양이나 비행기 모양처럼 심플하면서도 차별화를 줄 수 있는 디자인을 선호하는데, 이런 디자인의 커프스 링크는 다소 경직되어 보일 수 있는 수트를 유쾌하는 만드는 포인트가 되어준다. 가끔 이런 식의 위트를 즐기는 사람 중에는 재킷 소매 끝의 단추 구멍(을 둘러싼 바느질) 하나에만 컬러를 넣는 경우도 있다. 이런 부분은 옷을 잘 입는 범주에 든다기보다 가볍게 자신의 개성을 드러내는 숨어있는 재미로 그 위력을 발휘한다.

위트가 과하면 전체를 깨트리는 원흉이 될 수 있지만, 적당히 잘만 매치한다면 옷을 입는 즐거움은 물론 상대방에게 자신을 드러내는 하나의 장치로 활용할 수 있을 것이다.

신사용품 중 시계를 빼놓을 수는 없다. 사실 남자가 누릴 수 있는 최고의 사치품 중 하나는 시계지만, 나는 심각한 금속 알레르기가 있어 안타깝게도 시계에 대해서만큼은 이야기할 자격이 없다. 단 하나, 몇 천만 원씩 하는 고가의 시계를 살 수 있는 능력은 개인마다 차가 있겠지만, 시계를 선택하는 기준은 경제적 수준이나 유행이 아니라 자신의 취향과 이미지여야 한다는 점이다.

예를 들어 자기 관리에 철저하고 진중한 남자를 표현하고 싶다면 가죽 밴드를, 액티브한 남자라면 남자의 카리스마를 느낄 수 있는 스틸 밴드 등이 좋다. 시간을 디지털이나 휴대폰이 아닌, 아날로그시계로 확인하는 모습에서 사람들은 그 사람의 신중하면서도 진지해보이는 모습을 발견한다. 이를 단순한 허영이나 사치라고 몰아붙이기에는 분명 남자만의 오랜 멋이 배어 있는 것이 사실이다. 화려하고 복잡한 시계는 수트에 어울리지 않으므로 아날로그 타입의 클래식한 시계로 품위를 높이도록 한다.

조르지오 아르마니는 '디자인은 더하는 것이 아니라 빼는 것'이라고 했다. 소품 역시 마찬가지다. 멋지게 보이려고 하나씩 하나씩 자꾸 겹치다 보면 결국 이상한 모양새가 나오고 만다. 결국 액세서리도 수트처럼 과하지 않은, 심플함이 최고라는 것을 늘 염두에 두도록 한다.

매너

옷이 태도를 만든다

"Manners maketh man!"

영화 〈킹스맨〉에서 콜린 퍼스가 읊은 이 대사는 1382년 영국 윈체스터칼리지를 설립한 위컴 주교가 한 말로 '타인을 위해 희생할 줄 아는 용기가 진정한 신사의 자격'이라는 메시지를 담고 있다('manner'는 수단·방법이란 뜻이지만, 복수가 되면 '품격'이란 의미를 지니며, 'maketh'는 중세식 고어이다). 수트의 스타일을 결정하는 것은 원단, 실루엣, 소품 등 여러 가지 요소가 있지만, 개인의 인품이 배어나지 않는다면 그 어떤 고가의 수트도 '겉만 번지르르한' 포장에 불과하다.

이상적인 이야기를 하는 것일 수도 있지만, 나는 옷을 잘 표현하기 위해서는 먼저 옷을 입는 사람의 마음이 따뜻해야 한다고 생각한다. 옷을 입는 주체는 바로 나고, 따뜻한 마음이야말로 그 어떤 것보다 인품을 드러내는 가장 기본이 아닐까 싶다. 아무리 비싸고 좋은 옷을 입어도 성격 나쁜 사람과는 사귀고 싶지 않고, 만나면 즐거운 사람이 되어야 함에도 불구하고 찬바람이 쌩쌩 돈다면 아무도 그런 사람 곁에는 아무도 사람이 모이지 않을 것이다. 하지만 자신의 마음을 상대에게 드러낸다는 것은 참으로 어려운 일이다. 이럴 때 필요한 수단이 바로 매너가 아닐까 싶다.

우리는 보통 '매너'와 '에티켓'을 혼용해서 사용하지만, 이 둘은 분명 차이가 있다. 에티켓이란 에스컬레이터에서 급해 보이는 사람이 없어도 한쪽으로 서서 길을 터주는 것이지만, 매너란 시간에 촉박해 초조하게 보이는 사람에게 주도적으로 먼저 나서서 길을 터주는 행동이다. 다시 말해 에티켓이 '남에게 폐를 끼치지 않는다'는 의미의 우리 사회가 지켜야 할 관습이라면 매너란 에티켓을 표현하는 방식으로

‘상대방을 즐겁게’ 하거나 ‘내 이미지에 플러스’가 되는 행동인 것이다.

에티켓은 공공의 질서를 지키는 ‘지식’이 바탕이지만, 매너란 상대방을 관찰하고 배려하는 데서 시작하기 때문에 따뜻한 마음의 소유자라면 당연히 자연스럽게 매너가 드러날 수밖에 없다. 반대로 상대에 무관심하며, 타인에 공감할 줄 모르는 사람이라면 상대에게 기쁨을 주는 행동을 하기 위해 상대의 표정과 행동을 살피지 않을 것이다. 매너의 최종 목적지는 ‘신뢰’이며, 신뢰야말로 신사의 기본 자격이다. 따뜻한 마음을 억지로 만들어낼 수 없듯이 교양과 매너도 가만히 있는다고 저절로 생겨나는 것은 아니다. 많이 읽고, 듣고, 보며, 사람에 대해 관심을 가지고, 끊임없이 스스로를 수양해야 얻을 수 있는 자기 혁신이자 처세술이다.

그런 의미에서 자기 관리 역시 매너의 일종이라고 할 수 있다. 나이가 들면 오랜 습관에 의해 자연스럽게 목이 굽으면서 중심이 앞으로 쏠리고 배가 나오며, 가슴과 어깨가 조금씩 뒤틀리면서 결국 체형이 무너진다. 그러나 이런 체형으로는 수트를 제대로 소화할 수 없으며, 상대에게 즐거운 마음을 줄 수 없다. 결국 몸과 마음은 따로일 수 없으며 함께 단련해야 하는 공동운명체와 같다.

결론적으로 에티켓이든 매너든 이는 상대방만을 위한 것이 아니라 자기 존중에서 비롯된 것으로 자기를 존중할 줄 알아야 남을 존중할 줄도 알고, 그것은 곧 매너, 품격으로 드러나게 된다.

'옷이 태도를 만든다'라는 말처럼 수트를 입으면 자세가 바로 잡히면서 행동도 신중해진다. 혼자서는 살 수 없는 인간 사회에서 수트란 상대방과 나누는 의사소통의 수단이며, 매너를 입은 수트는 수많은 사람 사이에서 나를 돋보이게 하는 진정한 경쟁력이다.

에필로그

옷은 입는 그 자체가 즐거워야 한다.

지나치게 경직될 필요도, 어려워 할 필요도 없다. 갑자기 초대를 받거나 미팅이 생겼을 경우에도 옷 때문에 스트레스를 받을 필요는 없다. 그 상황에서 내가 할 수 있는 최소한의 예의를 갖춰 표현하면 되기 때문이다.

나도 종종 예상치 못한 상황에 부딪히기도 하는데, 그때마다 어떻게 하면 상대에게 불쾌감을 주지 않을지 생각해 임기응변으로 대처하는 편이다.

올해 초에도 스페인에서 결혼식 초대를 받아서 갔다가 곤란한 상황에 부딪혔던 적이 있다. 정장이라고 해서 당연하게 수트를 챙겨 갔었는데, 그쪽에서 원한 것은 턱시도였던 것이다. 갑자기 턱시도를 마련할 수가 없어 출장 때마다 들고 다니는 은색 나비넥타이로 예를 대신했던 적이 있다. 이처럼 어떤 상황에서나 미처 준비가 안 돼 있는 상황이라면 약간의 아이디어로 지혜롭게 대처하면 된다.

나는 상대가 기대하게끔 하는 사람이 되고 싶다. 나를 만나면 기분이 좋고, 어떤 옷을 입었는지 궁금하게 만들고, 나를 만나는 순간을 즐겁게 느꼈으면 한다. 그리고 그 기억 속에 아름다운 옷을 입은 내가 잔상으로 남을 수 있다면 이보다 더 좋은 일이 있을까 싶다.

이 책을 읽은 여러분도 옷을 진지하기보다는 가벼운 마음으로 대하고 즐기며, 지속적으로 옷에 대한 관심을 가질 수 있는 여유를 지니게 되기를 진심으로 바란다.

성공하는 남자는 수트를 입는다

2016년 2월 25일 초판 1쇄 발행
2017년 3월 25일 초판 2쇄 발행

지은이 • 이영원
펴낸이 • 이동은

펴낸곳 • 버튼북스
출판등록 • 2015년 5월 28일(제2015-000040호)

주소 • 서울시 동작구 현충로 151, 109-201
전화 • 02-6052-2144 팩스 • 02-6082-2144

ⓒ 이영원, 2016
ISBN 979-11-955738-7-5 13590